議な世界
アニマルQ
野村獣医科Vセンター院長
野村潤一郎
世界文化社

動物医の不思議な世界
アニマルQ

野村潤一郎

装画——山川直人
装幀——小沼宏之［Gibbon］

動物医の不思議な世界 アニマルQ ［目次］

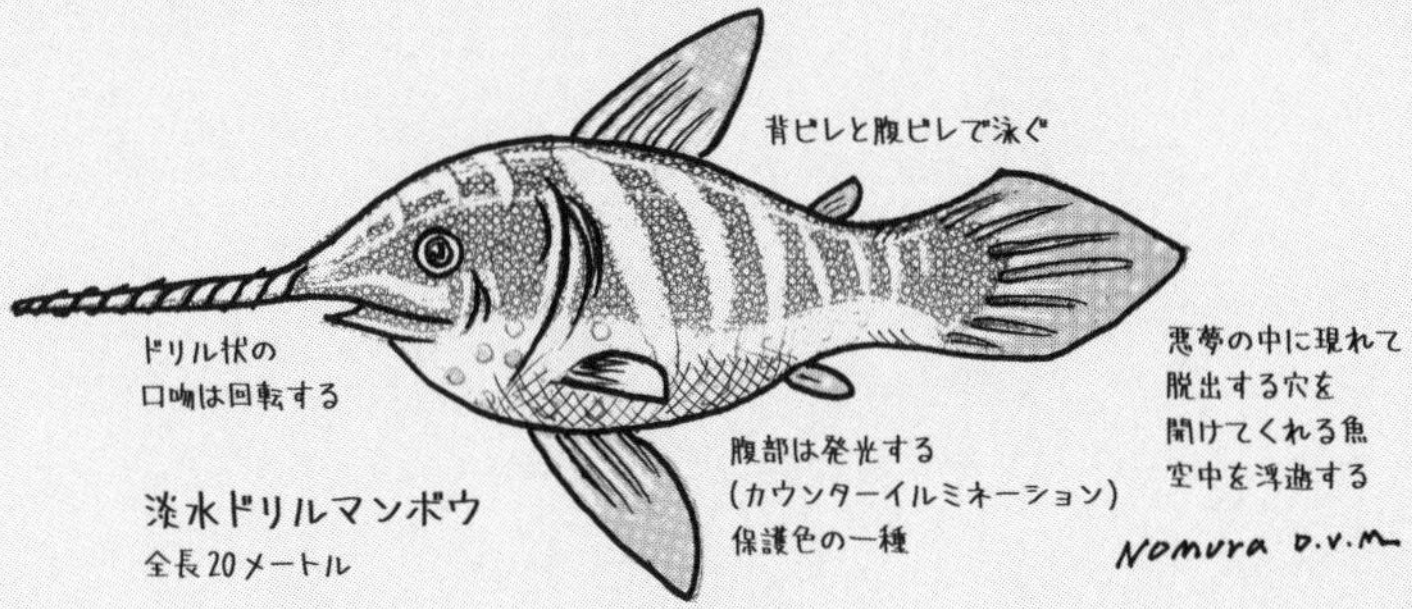
背ビレと腹ビレで泳ぐ
ドリル状の
口吻は回転する
悪夢の中に現れて
脱出する穴を
開けてくれる魚
空中を浮遊する
腹部は発光する
(カウンターイルミネーション)
保護色の一種
淡水ドリルマンボウ
全長20メートル
NOMURA D.V.M.

犬と人のテレパシー通信

磁石をぶら下げると必ず南北を示す。当たり前のことだが、大昔にはそれがなぜなのか説明できる者はいなかった。誰もが世界は平らであると考えていた時代に、地球の〝磁力線〟の影響でそうなるなんて誰が思っただろう。

西洋の怪奇譚、呪いの指輪のからくりは、ダイヤの台座に仕込まれたウラン鉱石だった。おそらく金持ちが財産を守るために経験的に利用したのだろうが、その理屈は悪魔の力以外考えつかなかったにちがいない。〝放射能〟が発見される遥か以前の話である。

夜空を自由自在に飛ぶコウモリは暗黒の部屋に複雑に張り巡らされた針金をいとも簡単にすり抜ける。その能力は長い間、謎だった。彼らがヒトの可聴域を遥かに超える〝超音波〟を使い、エコーロケーションを用いていることが判明するまで長い年月を要した。

こういった事例は沢山あるから挙げていったらきりがないが、とにかく多くの謎が科学の発展により暴かれ、それまでオカルトだった魔法の数々は当たり前の法則として認識されるようになった。

しかしこれで全てだろうか。現代においても解明されていない不思議は実はまだある。良識ある普通の人は、既知の法則を逸脱した話をすると「ホラ、出たよ」と笑うのが世の常だが、かの大天才エジソンの晩年の研究は〝あの世と繋がる霊界電話〟だったことを話すと「ほ〜う」と感心したりもする。

かくいう私は動物の世界に浸かって60年、獣医師になって40年、一応は科学者の従弟のはとこのヒョットコのようなものだから、生物学はもちろん数学も物理も化学も得意だし、ついでにいうとマッチョで男前で唄も上手い。しかし俗にいうニセ科学や脳内お花畑、明らかにインチキなヤラセなどについてはかなり否定的ではある。

そんな私がいつも首をかしげてしまうのが、愛犬家とイヌの間で行われる〝テレパシー通信のような現象〟で、実はかなりの頻度で遭遇し、いつも驚かされる。

「センセ、うちのペスは心臓が悪いから留守番が心配。だから預かって」

「いいですよ、行ってらっしゃいどこへでも。で、帰りはいつですかね」

「う〜ん、わかんないのよ、あてどもない自由な旅なんです」

「といいますと」

「古いワゴンを直して自分だけのパラダイスにしたんです」

「それユーミンの曲の歌詞でしょう？　では、派手なシャギーをしいてボディにはティラノザウルスの絵ですか」

「はい、一番愛する誰かを乗せようと」

「イヌじゃないのか！」

というわけで、飼い主はユーミンの『ワゴンに乗ってでかけよう』を口ずさみながら出発した。いつ戻るかもわからない主人を待つペスはとても寂しげだった。

「お前のママは今ごろ潮風感じてKeep on lovingだってさ」

「くーん、くーん、ヒィヒィ！」

数週間が過ぎた。飼い主からの連絡はない。もしかしたらこのままイヌを迎えに来ないで行方をくらます気では、と思ったりもしたが、ペスは食事をしっかりと食べる。毎回完食である。これはイヌが「ママは必ず迎えに来る」と確信している証拠であり、それはかなりの確率で正しかったりする。飼い主に捨てられた場合、つまり心の絆を失った時、イヌは生きる望みを失って拒食するのだ。

我が病院ビルの3階フロアーは入院施設になっていて、イヌたちはオリではなく大きなガラス窓のある個室に入る。そこからはエレベーターの扉とデジタルの階数表示パネルが見えるのだが、エレベーターのモーターがかすかにうなりを上げると皆一斉にそれに注目する。「自分の飼い主が上がってくるかもしれない」と期待するのである。

パネルの数字が変わる。1、2、3……緊張の瞬間だ……。

「ピンポーン、サンカイデス」

しかし出てきたのが看護師さんだったりすると、けっこうガッカリする。ママだった場合は「ワホッ！　ワンッ！　マンッ！　ママンッ！　ママッ！」と大喜びになる。だから、この病院に泊まったことのあるイヌたちは「3」という文字が好きになる。


ある日のこと、朝からペスの様子がおかしい。何かに興奮し、まん丸の真剣な目でエレベーターの数字ばかりを見ている。お利口さんにお座りして、時々素早く舌なめずりをしながら前足で足踏み。これは「ぼく、おりこうさんにしていたよ、はやくはやく！」の様相だ。まるで中野サンプラザの裏口でアイドルを待つファンのようにも見える。

夕方になった。エレベーターのモーターがシュルシュルと鳴り、表示が変わった。1、2、3
……ペスの足踏みが速くなる。これはもしや……。

「ハーイ！　ペスちゃん、ママよ〜」

出た！　やったぜブラボー！　ペスは嬉しさのあまりオシッコをまき散らしながらシッポを大回転させて、我々の掃除の手間を拡大させた。

「何の連絡もなしでいきなり帰ってきましたね」

「旅先で色々あったので帰ってきちゃいました。次はペスと一緒に行きます」

さて、ペスは飼い主の迎えをどうやって察知したのだろうか。これと同じことは多々あり、我が愛犬の場合はこうであった。

動物の調査のためにニューギニアに行った時のことだ。行きの飛行機の中で考えるのは、やはり日本に残してきた自分のイヌのことばかり。当時の愛犬ビオラと私には〝とうちゃん、ビオちゃん通信〟という謎の遠隔通信網が確立されていた。イヌから離れると常に「とうちゃん、ビオちゃん、とうちゃん、ビオちゃん……」と頭の中で繰り返されるのである。しかし飛行機が離陸して遠ざかるにつれ、「とうちゃん、ビオちゃん、とう……ビオ……」と通信は途切れ途切れになり、日本の領空を離れる頃にはそれはすっかり消滅した。

イヌのことが頭から離れたので仕事に集中することができたのはいいが、現地の交通事情はかなりおおらかで閉口した。船が出なかったり、国内線が飛ばなかったり、極めつけは運転手が恋人に会うために勝手にクルマを数百キロ逆方向に走らせたり、もう全くいつ帰国できるかわからない状況だったが、なんとか帰るめどが立った。機内でウトウトしながらああやっと日本に近づいてきたなとわかったのは〝とうちゃん、ビオちゃん通信〟の再開によるものだった。

「とうちゃん、ビオちゃん、とうちゃん、ビオちゃん……」

成田に降り立ったのは正午過ぎ、時を同じくして自宅では愛犬ビオラが50キロの巨体で「とうちゃん今日帰ってくるよ！」と大喜びしていたという。このことから、〝飼い主と愛犬のテレパシーのような物〟には、物理的な距離によってその感度が増減するという特性があると私は結論した。しかし両者に介在するものは謎以外の何物でもない。まだ現代科学が認識していない何かがあることだけは事実である。

実は私はこれと似たようなことをヒト―ヒト間でも確認している。

男はつらい、本当につらい。男の人生は戦いと勤労で明け暮れる。女性が道端で泣いていたら誰もが優しく助けてくれるだろう。しかし男が泣いても「まあガンバレ」と言われるだけだ。どんなに強い男でもピンチに遭遇するし泣きたいことだってある。もちろん男だから声は出さない。涙も出してはいけない。誰にも悟られないように、威厳と強さを、頑張ってきた己の歴史とプライドを絶対に壊さないように、精神の奥の奥のそのまた奥の領域で男は泣くのだ。これは苦しい。そんな時にきまって電話が鳴る。

「ママだけど元気にしてる?」

母親からである。

私だけでなく、ほぼほとんどの男性がこれを経験しているという。不思議だ。

動物園で育児放棄したトラの母親に代わって、乳母を務めるイヌの話は昔からある。年月が過ぎても、大きなトラは小さなイヌの母親を忘れない。このことについてテレビでコメントをしたことがある。勝新太郎風に「自分の息子がトラになろうが、オオカミになろうが、母親にとって息子は息子なんだよ。見てみなよ、デカい身体のトラが犬の母親におかーちゃん、おかーちゃんって甘えてるよぉ。これを見て何か説明が要るのかな。見たまんまだよぉ」というものだ。

放送と同時に全国の母親から電話がたくさんかかってきた。皆一様に「感激した。その通りだ」と大泣きの有様で、中には最初から最後まで嗚咽だけの人もいた。息子がトラになっちゃったお母さんたちにとって救いの言葉だったのだろうか。世の中の母親はやはりみんな息子には特別なエネルギーを注ぐらしい。

町田君と私は40年来の親友だ。生活も外観も全てが全く違うのに、私たちは同じところで笑うし、同じところで怒る。そしてかなり複雑な内容の会話でも、二言三言で通じ合える。

ある日病院に変な獣医がやってきた。自分は腕がないからイヌの飼い方を飼い主に教えて生計を立てたい、協力してほしい、という相談を突然突きつけてきたのだった。しかし、彼のイヌの飼い方理論は、その辺で売っている孫引きの孫引きみたいなハウトゥ本による浅はかな知識であったため、私は困り果てて「ああ、こんな時、町田君が来てこのカン違いを追い払ってくれたらなあ」と思っていたところ突然本人が現れ、いきなり「おい、野村さんの病院から出ていけ」とやらかしたのである。相手が何者なのかも伝えていなかったのに。

そして今もこの原稿を書きながら「町田君、元気かなあ」と考えていたところ、たった今「明日遊びに行きます」と連絡が入った。実はこういったことはしょっちゅうある。これはつまり親友の間でも、摩訶不思議な通信機能が成立するということである。さらにこんなこともある。

「あの患者さん、しばらく見ないけどイヌの病気は治ったかなあ」と思っていると、百発百中で翌日にその人が来院するのだ。もしかしたらこの現象は動物人間を問わず、信頼関係が必須事項なのかもしれない。

何か参考になる資料はないかと書斎の古書を調べてみると、オーストラリア先住民の興味深いエピソードが目に留まった。狩りに出かけた男たちを待つ女たちは「あ！　今うちの人が獲物を仕留めた」「あ、男たちがこちらに戻ってくる」と心で感じてそれを知り、料理の支度を始めるのだという。

もしかしたら太古には当たり前のように使われていた可能性がある生体通信。それは現代人が忘れてしまった様々な感情の中で最も大切な〝信頼〟というエネルギーで作動する尊い能力に違いない。

「Q」を探せ！

「ピッピッポーン」

午後7時の時報と共に、白黒のブラウン管に〝丸地に三角〟の製薬会社の看板が映し出された。でも、これは番組提供会社のCMだからどうでもよい。次の瞬間が重要だ。

「ギッチョーン、ガッチョーン、ギイイイ、バッチーン」

古い鉄扉が軋むのに似た不気味な効果音と共に、水面に浮かんだ油のようなマダラ模様がグルグルと回転し、やがて5つの文字になる〝ウルトラQ〟。前代未聞のSFドラマの始まりである。

1964年、円谷プロが製作したこの作品は、日常にいきなり突入してくる怪奇現象をテーマにしていた。基本的にパラレルなアンソロジーであり、毎週これでもかというくらいに摩訶不思議な事件が起こる。魔術団で箱抜けを演じる少女が夜な夜な肉体から精神を分離させて街を彷徨い、人々を驚かせる話。現実世界に嫌気がさした男が、時間と空間を超越する異次元の列車に乗る話。どれもワクワクするものばかりだったが、その中でも幼児期の私を熱狂させたのは度々登場する〝怪獣〟

と呼ばれる巨大な生物たちだった。

こう進めると「大人になってもまだそんなこと言って」と思われてしまうかもしれない。しかしウルトラQは高尚なSFであり、現代の怪獣番組のように子供に玩具を買わせるためのヒーローアイテムや、ママさんを熱中させるイケメン、パパさんが喜ぶ美女は無しだ。登場するのはセスナ操縦士、その助手、そして新聞記者の女性。そしてここが肝心なのだが、白髪にカイゼル髭の博士。このいかにも権威のありそうな外観の専門家が何かの破片を調べて、「これは地球には存在しないチルソナイトという金属だ」とか言うと、突如アカデミックになり物語にリアリティが増す。

トンネル工事の最中に地下洞窟から目覚めた怪獣ゴメスの回も印象深かった。その手にしては小柄な身長10メートルというサイズ感は、寝ている時に壁を壊して部屋に入ってきそうで恐ろしい。

角と牙と爪で武装したこの凶暴な生物は、学名ゴメテウスといい、新生代第三紀に生息していた肉食性の原始哺乳類だという。地下洞窟は70キロ先の金峰山につながっていたが、そこにある洞仙寺に奉納されていた古文書によって、ゴメスにはリトラという天敵がいたことがわかる。リトラの学名はリトラリアといい爬虫類と鳥類の中間的生物という説明である。なんと蛹《さなぎ》のような形態で休眠することが可能であり、それらしき球体がゴメスが出現した場所で同時に発見されていた。リトラは蛹から羽化（?）するとゴメスと戦う宿命らしい。口から強い酸を吐いて攻撃するが、しかしこれを使うと自身も内臓が溶解して死滅するに至る……という設定だった。

「怪獣番組の筋書きなんかどうでもいいわよ」と叱られてしまいそうだが、そっちではない。

この番組の偉大さは、この回だけでも4歳児だった私をはじめ日本中の生き物好きの子供たちの脳に、学名、新生代第三紀、肉食性、原始哺乳類、天敵、その他もろもろの科学の言葉を何気なく記憶させたことにある。

見る側も興味があるから吸収が早く、たとえるならば白い紙に鉛筆で書くというよりも、殴られて痛さを覚えるくらいの勢いでその世界に導かれたといってよい。ＰＴＡは「グロテスクな怪獣は子供の美的感覚を狂わせる」と有害宣言をしたらしいが、当時の怪獣たちの外観には、無理矢理怖がらせる部分は見当たらず、生物学的に見てもバランスが良く、それどころか逞しく、むしろ美しかった。

空想の世界に酔い足元を見ないで空ばかり見ていたら、たしかにダメな大人になると思う。しかし生き物に興味を持った幼稚園入園前の私は、身の回りに棲む〝足元を這いずり回る未知の怪獣たち〟にも敏感になった。

当時の新宿はまだ自然が残っていて虫たちが沢山いた。土を掘り、石をどかし、枯れ木を割り、立って見える範囲を捜索し尽くすと、今度は空を求めて木に登り、水の中にもその姿を求めた。税務署通りの角を曲がり細い坂道を登ると成子天神社があった。その敷地内で昆虫を観察するのが日課だった。

　ある日いつものように土を掘っていると１００枚近くの10円玉が出てきた。地面から沢山の硬貨が発掘されるのはまさにミステリーであり、これこそ日常に潜む「Q」の世界だと心が躍った。嬉しくなってこれを祖父に見せたところ「神様に頼る人が願をかけて埋めたものだから、元の場所に戻してきなさい」と静かな口調で叱られた。私はこの説明に納得したが、怪獣よりも遥かに非現実だと思っていた神様が存在し、しかも願いは有料だったという世知辛さに対してさらなる「Q」を感じた。

　帰り道に同年代の友達に会った。私は彼の顔を見てぎょっとした。顔一面に隙間がないくらいびっしりとイタズラ書きをされていて、しかもそれは油性のマジックインキによるものだった。太い線だらけで真っ黒になった顔に目だけが光っていて、まるで件《くだん》のドラマの第20話に登場する海底原人ラゴンのようだった。

「自分で描いたの？」

「いじめっ子にやられた」

「ひどいね」

「殴られて頭もコブだらけだよ」

　こんなことをする奴がいるなんて！　これも「Q」の一種に認定できる。私は持っていた全財産の30円を〝願いの代金〟として土に埋め、神様に〝注文〟した。「この哀れな海底原人が、いじめっ子に苛められませんように」。彼は切れた唇で小さくつぶやいた。「ありがと」

数日後、天神様のエノキの梢にギラギラと輝く飛行体を目撃した。音のない夏の炎天下、青い空と濃緑の葉を背景にフワフワと移動する〝空飛ぶ火の玉〟が虹色に光りながら目の前にいる。幻想的な光景だった。

「神様が願いを叶えてくれるのかな。あれが怪獣になっていじめっ子を食べてくれるのかな……いや違う！　あれは‼」

それは神の使いではなく、生まれて初めて見る生きたヤマトタマムシだった。

このように不思議の正体は〝まれにしか現れない現実の何か〟だったりする。この美しい昆虫はオスが上空をパトロールして地面近くのメスを探す。交尾をした後、メスは朽ち木の隙間に尻の先を入れて卵を産む。この知識は裏の小林のおじさんが貸してくれた大人向けの昆虫図鑑によって学習済みだった。

我にかえり虫取りアミを振る。しかしオモチャ屋で買った子供だましのそれでは短すぎて届くはずもなかった。

「大人用の長いやつが欲しいなあ」

この時の悔しさが忘れられず、私は現在3段ロッドで最大3メートルに伸びる高級品を常に携帯している。そんなものを使って今さら虫を獲るのかといわれれば、そうでもない。現在の私は、5歳の頃と違って世界中の昆虫をお金で買える。だから蚊に刺されたり、毛虫まみれになったりしながら、網を振るのはあまりやらない。

高級網の本当の目的を告白しよう。

〝人魂〟を獲ろうと思っているのである。

「我慢して黙って聞いていれば、また！」と皆さんの声が聞こえるようだが、けっこう本気だ。私の胸の中にはいまだに「Q」が棲んでいるのだ。

実は60年前にその類のものを見たことがある。当時の私はよく親戚の家に預けられた。初めて泊まる練馬の叔母さんの家は周囲がジャングルのようだった。昔のこの地区は緑の多い新宿よりもさらに自然豊富で、夜になると何かの獣の叫び声が聞こえてくるほどだった。昼間でも薄暗い森で迷ったら一生帰れないと思った私は、道しるべを付けながら広大な緑の海の小道を進んだ。もはや昆虫採集というよりも密林探検のようだった。

しばらく進むと、木漏れ日に混じってチロチロと青く光る不思議な何かに気が付いた。近寄ってみると、それは地面の上で燃える炎（？）だった。私は50センチの至近距離まで近づき、しゃがんで観察した。半ズボンから出た足に熱さは感じなかった。反対側の地面が陽炎のように揺れながら透けて見えていた。眺めている間その光は何の動きもなかった。

まだ4歳の私は初めて見るものも多かったので、今回も「自分が知らない普通にあるもの」と結論し、興味を失ってその場を後にした。かなり遠くまで歩いてから振り返ると青い光はまだそこにあった。しかし帰り道に同じ場所を通るともう何もなかった。今思うと、あれをどうして追究しなかったのかと悔やまれる。

人魂の正体には諸説ある。昔からの定番は地中の死体によるリンの燃焼説だが、実は骨のリンは発光しない。近年では研究室の装置の中で再現されたというプラズマ説が主流になっているものの、光が強烈すぎてそれでは全てを説明できない。稲妻の一種の球電説もプラズマに準ずるものだろう。蜃気楼説、そして一定条件で月が小川に反射してそう見える月光錯覚説については、何がどうなれば人魂に見えるのか理解できない。ヤマドリが日を浴びて輝くヤマドリ説、この大きな鳥はフワフワ飛んだりしない。落雷の電磁波によって脳内に磁場が誘起されて、集団錯覚する眼内閃光説、かなり無理矢理だがありえないことではない。沼や土中から発生するメタンが燃える可燃性ガス説、私が森で見たものはこれかもしれない。いずれにしてもこれらは網では獲れないだろうし、情緒がなさすぎる。

私の理想の人魂は、夏の夜に真っ暗な山の中をぼんやり光りながらフワフワと尾を引いて飛ぶ、あのオバケ的なやつである。もしそんなものが存在するとしたら……その正体は発光バクテリアをまとった微細な昆虫の群れなのでは？　それが蚊柱のようにかたまって光りながら飛行をしているのではないか……。これが私の仮説である。

生物の世界に生きる変わり者の偏った考えかもしれないが、実際に私はニューギニアの奥地で太陽光に照らされて光る蚊柱（蚊玉）に仰天したことがある。夜間に高密度のそれが発生し、そして何らかの理由で発光するとしたら……。是非とも発見して捕獲、研究のために飼育したい。「Q」は決してよた話などではない。どこにでもあるし、誰にだって見える。そして、もしも科学的に謎が解明できたとしたら、その瞬間こそが「Q」の完成形なのである。

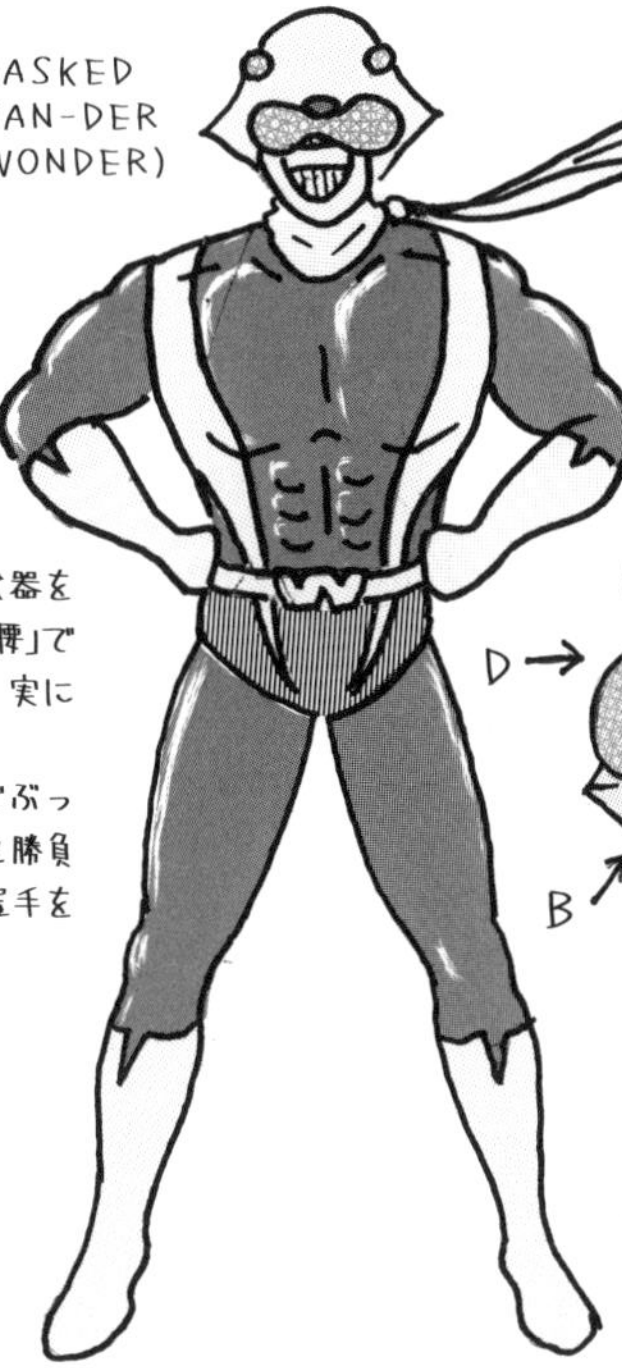

マスクドワンダーは武器を一切使用せず常に「丸腰」でたたかうヒーローだ。実に男らしいね！
みんなも誰かを棒でぶったりせず、裸になって勝負だ。そして最後には握手をしよう！

A ヘルメット
犬の顔のデザイン
B ホッペに相当する部分がゴーグルになっている
C 目の部分はヘッドライト
D 鼻の部分は単なるカザリだ

正義の味方10ヶ条
①普通の人の生活はすてる
②もとに戻れないのはあきらめる
③自分ではなく誰かのためにたたかう
④待っている人たちにわかりやすいように派手な格好で
⑤かげ口は気にしない
⑥カラダをきたえること
⑦女、子供、年寄り、動物にやさしく
⑧普段はやせがまんしながらおもしろく
⑨敵に対してやりすぎないこと
（敵にだっておかあさんがいる）
⑩近しい人たちが被害を受けないように
素顔をかくすこと（暑いかもしれないけど）

Nomura D.V.M

永遠の子供たち

30年前、ある人からヤマネコを飼いたいと相談を受けたことがある。私は悪いことはいわないからやめなさいと止めたのだが、本人の決意は固かった。海外から届いたボブキャットの子供は大変に可愛かったが、成長するにつれて飼い主を威嚇するようになり、15キロの大人になった時にはもはや手が付けられず、家の中はマーキングの糞尿と爪痕でメチャメチャになり、玄関の戸を開けた瞬間に襲いかかってくるようになった。

結局その家族はこの巨大なヤマネコに家を乗っ取られ、捕獲送還するまでの1か月、一家3人で公園にテントを張って公衆トイレの水を飲みながら暮らした。

単独性の野生動物は、成長したら親代わりだった人間などただの異物扱いになる。対して家畜であるイエネコは決してこんなことにはならず、育ててくれた飼い主をいつまでも親とみなして死ぬまで慕う。

人間の無知と傲慢が生き物たちを不幸にしてしまわないように、ここで皆さんに野生動物と家畜の違いを知っていただきたいと思う。これは意外と重要な概念であり、欠落すると「イルカを殺すなと言うなら松阪牛も食べるな」みたいな変なことを言う人が出てくるので困ってしまうのだ。

先人たちの研究結果によると、地球ができたのは46億年前、生命が誕生したのは38億年前だという。命は海で生まれたらしい。最初のそれは一つの細胞しか持たない微生物だったようだ。やがて世代交代を繰り返し適応放散し、進化や退化をしながら様々な生き物が登場して今に至っている。

なぜそんなことになったのかといえば、どの生物にも共通した目的があるからだ。それはわかりやすくいえば〝生まれて育って生き延びて増えて死ぬ〟ことであり、全ての生き物が努力をしながら苦痛に溢れた一生を送る理由も、この本能的な欲望に突き動かされて目的を目指すからだ。

適応した者は子孫を残し、それを繰り返しているうちにＤＮＡのタクシーである肉体が環境に応じて変化していく。こういった過程で行われる生産や消費のエネルギーが、気の遠くなるような時間をかけて連続的に自然界を変化させてきたのである。

現在地球には約８７０万種の生物が存在すると推定されている。これらは全ての種が直接または間接的に関連してバランスを保っている。太古より続くこの調和した世界を〝生物圏〟という。初期の人類は狩猟採集で日々の糧を得ていたが、農耕牧畜を発明し、野生の掟を常とする生物圏から独立して〝人間圏〟を確立させた。飢える危険の少ない画期的な理想郷だ。

ここに食料の保証にあやかりたい様々な生き物が参入を試みるが、ヒトの暮らしに害をなす存在は駆除され、使役や食肉などに適した有益な獣たちが順次招かれた。それらが人類と運命共同体の〝家畜〟になる。

ちなみに生物圏からの人間圏独立戦争の勝利の鍵は、万能使役獣であり人類最古の家畜でもあるイヌの存在だったはずだ。もしもイヌたちの献身的なサポートがなかったら現在の人類の生物学的地位はありえなかったと思う。

こうなってくると、生物圏と人間圏は完全に分かれて別々に生きるべきだが、実をいうと、独立したはずの人間圏は生物圏に内包されているのだった。つまりヒトも家畜も生き物である以上は、生物圏の掟から永遠に解放されることはない。

話は横道にそれるが、自然界で起こる何かを解決する手段は、大抵は同じ自然界の中に用意されているものだ。つまり、人間圏で発生する難題は生き物の世界に解決策が存在している可能性がある。〝全ての答えは生物圏に在る〟としたら、開発によってそれを破壊している人類は自分の首を絞めていることになる。

昨日絶滅した植物は癌の特効薬の成分を含んでいたかもしれないし、今日絶滅した生物は、はげ頭に髪の毛を生やすヒントをくれたかもしれない。

さて、硬めの話に皆さんの脳が疲労し始めたかもしれないが、話を続けてみよう。

次に飼育した場合の野生動物と家畜の印象の違いを示したい。

以下の場面を思い描いてほしい。

よく管理された馬場に一頭の逞しい馬が佇んで飼い主を待っている。青毛は黒く艶やかに輝き、たてがみは丁寧に編まれ、そして見るからに上質の頭絡と磨き込まれた鞍はフランス製だ。四肢保護のためのシルクの靴下はもちろんオーダーメイドである——。

美しく高貴な乗用馬の姿である。

一方でこんなのはどうだろう。

古い屋敷の敷地の奥から野獣の唸り声が響く。広い庭の片隅に錆びた鉄の檻が鈍く光っている。濡れたコンクリートの床の上で、頑丈な首輪と太い鎖に繋がれたライオンがこちらを見つめている。幽閉されたサバンナの王はそのたてがみを風になびかせることはもう二度とないだろう。彼は今日も故郷を思いながら、エサの生肉を待っている——。

獣臭がしてきそうだ。かなり悲惨である。

次に想像していただきたいシーンはこうだ。

災害現場に救助隊の使役犬たちが到着した。幅広のナイロンの首輪には指示を伝えるための無線機が仕込まれ、風雨や危険物から身体を保護するジャケットにはチームのマークが刺繍されている。

四肢に装着した革製のブーツの底は特殊繊維製で、これは彼らの足の裏を瓦礫やガラスの破片から守るための装備である——。

　実に勇ましく応援したくなる雰囲気だ。

　ではもう一つ。

　ジンタのリズムに乗ってクマが二本足の立ち歩きで登場だ。頭には赤い三角の帽子、着ているチョッキはラメである。タイトな口輪の先には、かろうじてご褒美の角砂糖を食べる隙間がある。パーン！　調教師のムチの音で玉乗りが始まる。プーとラッパを吹きながらリングを周回するクマの瞳には何が映っているのだろうか——。

　これは悲しい、やめてほしい。

　つまり、馬やイヌなどの家畜は人類の役に立ち、人工物の着装が絵になる。一方でライオンやクマなどの野生動物は何者かのエゴのために本来の生活を奪われ、無意味な装飾や拘束具が涙を誘う。野にいる野生動物、ヒトに飼われる家畜、本当はどちらも本来の暮らしで一生を終えるべきなのだ。

「では牛はどうなのか、ブタはどうなのか。同じ家畜なのに馬やイヌと違って食べられてしまう。それで幸せなの？」

　と言いたくなる方も多いと思うが、これは交換条件のようなものだから仕方がない。その代わりにヒトが彼らの肉を必要としている以上、そして人類が滅びない限り彼らは絶滅することなく、遺伝子が未来へ存続する保証を得ている。

「一生が短くてかわいそう。死ぬ時怖くて気の毒だ」

実はそうでもないかもしれない。生物全体として見た場合、多くの個体は飼育された牛よりも苦しんで死ぬし、一生の時間についても動物種によってそれぞれだ。ちなみに皆さんの大好物のウニは実は200年以上生きる。カイメンは1万5000年生きる。ロブスターとベニクラゲに至っては不老不死で永遠の命を持っている。これらの生き物たちに「人間は短命でかわいそうね」と言われても、私は「別に」と答えると思う。

さて、話を戻すと、ライオンに首輪を付けたら惨めに見えるが、イヌだとカッコいい。また、家畜になった動物は食べられてしまったとしても、確実に生き物としての目的を成し遂げることができる。この2点は理解いただけたと思うが、それ以外で野生動物と家畜の差は何があるのだろうか。

まず、家畜動物たちは野生の原種に比べて寿命が長い。たとえばオオカミは平均6年程度で死んでしまうがイヌは大型犬で10年以上、小型犬では15年以上生きる。野生のイタチは3年程度の人生だが家畜であるフェレットは7年以上生きる。衛生的な飼育環境と獣医学の進歩が理由だと思う。

次に繁殖力。野生動物はエサの豊富な季節に出産するために通常は年に一度の発情期だが、家畜はいつでも食事をもらえるのでそのあたりはかなりおおらかになっている。騒々しくてストレスフルなヒト社会に対しての寛容性も飼いやすさにつながっている。

特徴を挙げたらきりがないが、私が家畜に感じる一番の魅力は、有益な彼らが精神的な幼形成熟の生き物であることだ。特にイヌ、猫、フェレットについては顕著に思う。これはわかりやすくいうと〝永遠の子供〟であり、飼い主をいつまでも親として認識することである。

30年ほど前は現在と違っていわゆる特定動物に対する規制が甘かったので、様々な危険生物が私の病院に持ち込まれた。

「お宅の病院はこういうの専門ですよね」

どこでどうバレたのか〝普通じゃない生き物を飼う獣医〟として広く認知されてしまったので、もう毎日次から次への有様だった。

ベンガルヤマネコのペアが巨大な檻に入ったまま運び込まれた時も真剣に悩んだ。メスが子供を産むとすぐにオスが子を喰ってしまうのだった。飼い主も触ることができないほど凶暴で、これはもう檻ごと包んで麻酔ガスで全員眠らせ新生児を救助するしかなかった。

シンリンオオカミ愛好家の男性の顔は咬み傷による縫合の跡で地図帳のようだった。イヌの飼い主はあんな顔にはならない。

私もどんどん感覚が麻痺して、キンカジューやフクロギツネ、オオコウモリ、大型のサイチョウ、アメリカドクトカゲ、ニシキヘビ、巨大ワニガメなど、次から次へと家族を増やしていった。

その中で唯一、扱いやすかったのがソロモンと名付けたシマスカンクでいつまでも子供の心のまで私を慕ってくれた。今思えば、生まれつき脳の構造が少しだけ普通と違う子だったようで、この子のおとなしさに惚れ込んだメスのスカンクの飼い主たちが「是非とも子供をとりたい」と押し掛けてきたものの、肝心のメスたちには総スカンをくらっていた。

まあ、こういう例外も中にはあるが、動物人生63年、獣医師40年目の現時点の私の意見としては、「家族の一員にするならやっぱり家畜が一番」である。明日になったら気が変わって昔に戻っている可能性は十分にあるけれど。というか「じゃあ、今もなお、病院ビルの各所に飼われている野生動物たちは何なんだ」という声もチラホラと聞こえるようなので、そのうちに特殊動物の飼育の実際とその素晴らしさなどについてもお話しするつもりだ。

愛しき「飼いにくい」動物たち

１９６０年代に東京の一般家庭で飼育されていた動物といえば、今と同じように犬と猫が主流だったと思う。しいていえば今よりも鶏人口が多くどこへ行っても一日の始まりはコケコッコー！　だった。

これらは実用家畜としての意味合いも強かった。すなわち犬は番犬、猫はネズミ捕りの仕事を任されていて、繋がれることはなく室内でも町中でも自由に行動することを許され、その任務に勤しんでいた。鶏たちはドクダミを食べるだけでなく卵も提供した。

また各家庭には小鳥が飼われていて、あちこちから聞こえるカナリアの歌が町のＢＧＭだった。鳥の鳴き声が受験生の邪魔になるなどという無粋は皆無であり「隣の奥さん、いつも小鳥の歌をありがとう」、そんな会話が聞こえてくるおおらかな時代だった。伝書鳩はマニアックだったが、これもまた新聞社などで使用される実用的な側面を持っていた。夕日を浴びオレンジ色に輝きながら鳩舎に帰る鳩の大群は下町の風物詩だった。

観賞用として歴史の古い生き物は金魚と錦鯉だろう。どの家にも金魚鉢があり、庭のある家では池に鯉が泳いでいた。

外見が可愛らしく飼い主にいじくりまわされるのが仕事の小動物は、シマリス、ウサギ、モルモットが主だった。彼らは既に毛皮や食肉に供されることはほとんどなかったので、現代における〝ペット〟と称される存在に最も近い立場にあった。

ペットとは嫌ないい方をすれば〝何の役にも立たない生きた玩具〟を表す言葉だ。これらに手が届かないハナ垂れの子供たちは代用品を求めた。空き地で虫を捕まえ、公園の池でザリガニを獲り、遠足で田舎に行けばカエルやヘビを追いかけた。怪獣番組に洗脳されているため、奇抜な外観の生き物にも〝かっこよさ〟を感じるセンスを持っていて毛虫でさえもその対象になった。

やがて成長して動物エンスージアストになるわけだが、ある程度の年齢になると犬や猫の家畜と一緒に暮らす生活は既に日常となり、とっくの昔に満たされていたりする。そうなると未知の世界に旅立ちたいといういけない気持ちがむくむくとアタマをもたげはじめ、動物に関する興味や欲求はエスカレートしていく。つまりいい歳して「珍しくてカッコいいのを飼いたい！」となるわけだ。

ところが、魅力的な生き物は様々な理由で手に入りにくかったり飼いにくかったりする。困難であればあるほど恋は燃え上がるらしいが、今回は〝飼いたいのに飼えない〟という欲求不満からさらに夢中になってしまう現象について話したい。

高い壁の一つに「ワシントン条約」がある。

これは絶滅のおそれのある野生動植物の種の国際取引に関する条約で、ものすごく簡単にいえば〝生息数が少ないから飼っちゃダメ〟という法律だ。その昔、アジアアロワナはその最たる対象だった。この美しい熱帯魚が絶滅の危機に追い込まれたのは、環境破壊に加えてその身が美味だったからだという。飼育するには正規輸入の個体に国が出す登録票が必要で、これが添付されている個体を〝紙付き〟と呼び、時には1000万円以上と今では考えられないような値段で取り引きされた。

アジアアロワナを飼っていた電気屋のハジメ君は仕事の取り引きで詐欺に遭い大金を失ったが、愛魚を担保に金800万円也を借用し、破産を免れた。店を再建して黒字になると、命の恩人ならぬ恩魚を再び引き取った。しかし、災難が続いた。

地震に驚いたアロワナが水槽から飛び出して死んだのである。ハジメ君は七輪でその死体を焼き、炊いた米と一緒に食べた。

「俺のアロワナ、色々とありがとう。ああ、可愛くて……美味しい。本当に美味しい」

そう言いながら涙と鼻水で顔をぐちゃぐちゃにしていた様子が今でも忘れられない。

「動物愛護管理法」で定められている特定動物は、人に危害を与える可能性のある数多くの動物が対象で、基本的に飼育禁止になっている。

その一つのドクトカゲは〝ヒラ川の怪物〟の異名がある。ずんぐりした身体でその鱗はビーズのようであり、ピンクと黒のまだら模様が恐ろしい雰囲気を醸し出している。唾液に強い神経毒を持ち、咬まれると死ぬことがある。ちなみにこの毒の解毒剤はない。こんな危険な生物を愛でるのは、かなりのスキモノだといえる。死と隣り合わせの生活は、毒のないつまらない世の中に飽きた者にとって不満を相殺するための刺激になるのかもしれない。

ハナブトオオトカゲは世界最長のオオトカゲで最大全長は4・5メートル。ニューギニアのジャングルでは〝森のワニ〟と呼ばれている。非常に凶暴で、これを飼った飼い主は100パーセント咬まれて大怪我をする。しかしそんな化け物と一緒に暮らしたいと望む強者《つわもの》は常にいる。この血の匂いのするモンスターは恐竜のようでカッコいいのだ。

ニシキヘビ類とアナコンダはご存じの通り大蛇である。現地ではしょっちゅう人間が喰われている。前者は小さければ危険度が低く、裸体にヘビを巻いて踊るスネークダンサーが使うのもこれだ。ただし、大きく育った個体は飼い主をエサと見なして、絞め殺すこともある。アナコンダについてはさらに難しい。この大蛇は頭が悪く、攻撃的で常に飼い主を憎む。いずれにしても本能のおもむくままの生物が家にいるのは心地よいストレスであり、しかも事故が起こるその日までは野生美を毎日味わえる。

ワニガメは最大180キロの記録もある巨大なカメだ。いかつい外見の割にややおとなしい。挑発しなければ攻撃してくることはない。本来待ち伏せ型の捕食形態をとる生き物だからだ。しかし、貪食な彼らは飼い主の身体の一部をエサと間違えることがある。運が悪ければ腕の一本は覚悟しなければならないが、大水槽に沈んでエサを待つ姿は見ごたえがあり、時間が経つのを忘れる。

こうして挙げればきりがないくらいに出てくるが、実をいうと爬虫類飼育文化の第一世代の一人である私の場合、この法が施行される遥か以前からこういった危険生物をたくさん飼ってきた。あの時代を経験できて良かったと思う。さんざん痛い目にも遭ったけれどエキサイティングだった。

「外来生物法」は帰化動物の拡散を防ぐためにある。アライグマやアカミミガメなどが対象になるが、環境破壊を防ぐために問答無用で飼育禁止だ。しかし、カミツキガメがこの中に入ることになるとは、37年前には考えもつかなかった。

このカメは大きく逞しく活発で飼って面白い生き物ではある。成長すると一抱えほどにもなり、陸に上がると特に凶暴になる。怒るとばね仕掛けのように首を伸ばし、強力な嘴《くちばし》で素早く咬みついて引きちぎる。

何かの番組で爬虫類好きの青年がこのカメの甲羅をさすっていたが、どうやら彼は飼ったことがなかったようだ。カミツキガメの顎は背中にも届く。触れてよいのは尾とその周りの甲羅のフチだけだ。運ぶ時は太い尾をつかんでブラ下げるのが正しい。もっともそうしたところで、ナイフのように鋭い爪の生えた後ろ足で猛烈な蹴りをお見舞いしてくるのだが。

「デカすぎる」のも飼育の壁になる。

1992年のポッキーのCMを覚えている方はいないだろうが、女優さん演じる疲れたOLが小さな水槽にいるナマズに「むーちゃんはいいよなぁ……」と話しかけるというものだ。テレビに出た生き物が流行する日本特有の悪い習慣は、この時も例外ではなかった。しかし、このむーちゃんはレッドテールキャットというアマゾンの巨大魚の子供であり、成長速度が大変に早いため頻繁に水槽を大きなものに買い替えることになる。ちなみに私の飼っていた個体は1985年から25年間生きたが、最終的に全長は1メートルを超え、水槽の水量は2トンに達した。

「鳴き声が大きい」というのも気を付けなければならないポイントだ。

特に大型の鳥は注意が必要だと思う。ショップの広い空間ではそうでもないと感じても、家に連れて帰ってきたら10倍くらいうるさかったりする。鳥にはいくつもの鳴き方があるので、一通り把握しておいたほうがよい。

私のパプアシワコブサイチョウは、明け方になると大型の建築機械のような声で朝の歌を歌う。自社ビルだからよいが、一軒家だったら引っ越しは必至だっただろう。こういう大型の鳥は美しく賢いので非常に魅力的ではある。

「臭すぎる」生き物にも注意したい。

臭い動物といって頭に浮かぶのはスカンクだが、昔飼っていたスカンクのソロモンは特有のニオイはあったものの、それほど臭くはなかった。肛門腺から催涙弾を出すことは一度もなかったし、毎週ごきげんでバケツ風呂に浸かり清潔そのものだった。ほとんどの生き物はまめに手入れをしていれば臭くならない。

しかし、シデムシはどうにもならない。漢字で書くと「死出虫」となる。自然界において死体処理という重要な役割を担う分解者だ。この虫は社会性昆虫であり土中に死肉団子を作ってから卵を産み、孵《かえ》った幼虫を両親が育てる。音声でコミュニケーションをとり、最終齢にまで育った幼虫たちが巣立つ際には、最後の一匹が出ていくまで母親が見送るという。

これらの興味深い習性を観察したくて千葉の奥地に住んでいる友人に生きた虫を送ってもらった。しかしその吐き気を催す悪臭に我慢ができなくなり、というか実際に続けざまに何度も嘔吐することになり仕方なく夜の東関東自動車道を飛ばして返しに行った。

「エサが血」というのもハードルが高い。

巨大な外国産のヒルを飼う人がいる。最初は金魚などをエサにするが、皮膚にペタペタ張り付いて「おなかすいたよ〜」とせがんでくるため、やっぱりというか、そうだろうねというか、最後は飼い主が腕を差し出して自分の血を吸わせることになるようだ。

この辺りになると動物飼育の様々な装飾を全てはぎ取ったピュアな芯の部分、つまり慈しみと苦痛のみの世界になっている気がする。実用的な用途が根底にある家畜たちと違い、生き物たちに見て触って楽しむだけのペット要素を求めた場合、このように制約があるものほど刺激的で興味深く面白かったりするが、どこでどう折り合いをつけるかは皆さんの情熱次第だ。

Nomura D.V.M.

骸骨のような猫が病院にやってきた

犯人の特定が逮捕の条件であるように、病気の治療には原因の究明と病名診断が必須だ。飼い主の話から重要な証言を引き出し、五感を働かせて異常を見抜き、必要ならば機器を用いて無駄のない検査をする。そして、チンプンカンプンな飼い主、すなわち「イヌにも癌があるんですか？」的な無知な人や「ネットで調べたところこれは○×症候群ですので……」みたいなわけのわからないことを言い出す人たちに、解りやすくかつ親切に説明し納得してもらい、やっと治療を開始……。

書けば簡単に思われるかもしれないが、これを真心こめて親身に行う毎日は実に過酷である。これは、病院という箱の中から出ることを許されず人生時間を拘束され、他人にエネルギーを捧げながら行う知的労働であり、肉体労働であり、感情労働でもあり、飼い主を客として見た場合、究極のサービス業ともいえる。

しかし、視点を変えて大好きな動物たちを対象にしてみると……「センセ、コンニチワニャ」「センセ、アチョンデワン」と動物たちの声がして……摩訶不思議、全然……ぜんぜーん辛くありません。

某年元旦

頑張って診察しているのに待合室はどんどん患者で埋まってしまう。それもそのはずで10分に一人ずつ動物を抱えた飼い主が来院するのだ。我が病院は年中無休で盆暮れ正月も休まないが、何も人手不足のこの日を狙って来院しなくても……とも思う。しかし病状が急変することもあるから仕方がない。

「ふうふう、ヒイヒイ、次の方どうぞ〜」

「先生、この猫、クサヤのような臭いがするんです」

と新患の飼い主、中年の女性である。

まもなくガリガリに痩せた骸骨のような顔に苦悶の表情を浮かべた長毛種が、診察台に載せられた。どこが手なのか足なのかわからないくらいに毛玉が絡みついている。

「奥さん、手入れが悪いですね。これは肉が腐った臭いですよ」

この雄猫のフェルト状に固まった毛をかき分けて原因を探すと、私の指はすぐに鋭くとがった何かに触れた。左脚の太腿をひどく骨折していたのだった。しかも竹やりのような骨折端が皮膚を突き破り、露出した骨髄にゴミや土が詰まって腐っていた。周囲はほとんど壊死《えし》していて皮膚はボロ雑巾、肉は真っ黒な泥状、骨は茶色く腐った竹のようだった。

あろうことか背中には小型の注射器の針が刺さったままになっていた。どこかの先生、骨折を見逃しただけではなく、針が注射筒から外れたのにも気が付かずそのまま帰したらしい。「心ここに在らず」の診察は暴力に等しい。この飼い主にしてこの主治医……猫が哀れで涙が出た。

「夏だったらウジムシが湧くレベルですよ」

「治りますか」

「切断して整形するしかありません」

「脚を切るのはちょっと、お金もかかるし」

「じゃ、オマケで安くしますよ！　この猫は呑んべえのボンクラ獣医とバカな飼い主の犠牲者だ！」

ケチな飼い主の値引きに応じたのではなく、猫にお年玉をあげたと思えばよい。かくして正月早々、猫の腐った脚の切断術が始まった。

状態が悪すぎるため、麻酔と同時に点滴を開始し、人工呼吸装置も作動させた。バイタルはプアリスクだ。スピードが勝負になる。

リンゲル液と抗生物質で洗いながら、腐敗した皮膚と筋肉と骨を取り除く。

整形後の傷の治癒に必要な栄養血管は極力温存する。残す筋肉を動かす神経も同様だ。筋肉は神経の信号がなくなると消滅してしまう。そうなると骨の切断端が皮膚を内側から圧迫していずれ突き出てしまうのだ。

残った太腿の骨の末端をヤスリで丸く削り、人工骨で充填する。それを生き残った筋肉と脂肪でくるんで縫合固定し、皮膚を野球のボールのように丸く縫い合わせて整形をする。

身体の表側の厚い皮膚を伸ばして、腿の裏側半分までカバーするのが強度を出すコツだ。このように仕立てておけば、義足や車椅子を使う場合にも融通が利く。

地獄の痛みから解放されたこの猫は、高温に保たれた猫専用の入院室で快適に覚醒した。

我が病院の入院フロアーは動物の種類ごとにガラスの壁で区切られている。暑さに弱い犬たちは涼しい部屋、寒さに弱い猫たちは暖かい部屋に入る。また、各自の視線が合わないような工夫もしている。三すくみにならないようにするためだ。

数日後、それまで声すら出せずに〝ロパク〟で鳴いていた猫は、高い声で食事を催促するようになった。

「センセ、メシクレニャー」

「あ、そんな声だったの」

入院室で寝そべってばかりいた彼は、やがて自力で立つ意志を見せた。

「がんばれ！」

右にころり、左にころり、見ていられない。猫は言った。

「センセ、ネタママノ、トイレハ、カンベンニャ！」

猫は潔癖症だ。トイレに行く執念が、一本だけになった彼の後ろ足の動力源だった。猫の運動神経は動物界きっての特別性である。それ以降のリハビリは想定通り順調に進んだ。

自分が助けた動物は、愛着もひとしおで愛しいものである。私は毎日相手をした。蒸しタオルで顔を拭き、金ぐしで毛をとかし、膝に乗せて話し、高級な栄養食を食べさせた。

「センセのヒザハ、アッタカイニャ！」

何を隠そう私の平熱は37度ある。寒さは感じないので冬でも半袖一枚だ。友人たちが私の背中を触ったり腕を触ったりするので理由を聞くと「温かいし、御利益がありそうだから」と言う。ナントカ地蔵じゃあるまいし。

「猫と遊んでるところを悪いんですが、診てくださいよ」と患者さん。

いやいや、信頼関係を築いた相手とのスキンシップは、健康の回復に著効するのでこれも治療の一つなのです。他の入院猫たちも「ボクモホシイニャー」「アタチモアソビタイニャー」と催促するのでみんなにも同じくする。ヒイキは心の健康に良くないからだ。

回復した猫は体重も増え、サラサラの毛は金色に光ってまるで獅子のようだった。いい仕上がりである。

かくして退院の日が来た。

飼い主は「別人のように立派になったわ」と驚いていた。猫は言った。

「センセ、オセワニナッタニャ。オウチニカエルニャ」

「元気でな。三本脚のハンサム猫」


数か月が過ぎた。

中野通りのソメイヨシノは満開だ。暖かい上昇気流に乗った花びらが病院ビルの上空高くまで吹き上げられ、再び碧い空から舞い落ちるのを見るのが好きだ。

突然猫の飼い主がやってきた。暗い顔をしているのが気にかかる。そして目を合わせない。

「どうしました、猫は元気にしていますか？」

「それが元気すぎて……」

「ほっ、それはよかったです」

しかし飼い主はこう続けた。

「……この猫、安楽死させてください」

私はこの言葉を聞いて、今何が起こっているのか理解できず、しばらく呆然としてしまった。

「……なぜです！　なぜですか！　理由は何？」

「元気すぎてうるさくて困るんです」

「……つまり飼うのに飽きたということですか」

「不要猫を安楽死させるのも仕事でしょ」

「そんなの想像したこともないよ！」

ヒビだらけの汚れたキャリーケースの中を覗くと、猫がこちらを見ていた。痩せていた……。

「ああ、ボロボロになってる！」

「猫がこんなに手がかかるなんて知らなかったんです」と飼い主。

「猫に手をかけなさすぎる貴方が言うか？」

猫はこちらを見つめて小さく鳴いた。

「センセ、オイラヲコロスノカニャ……」

酷い……なぜ人間の皆さんはこうもヒトデナシが多いのか。いや、むしろヒトだからそうなのか。

「……じゃあ奥さん、ここに捨てていったら？」

「ここで飼ってくれるんですか」

「さあねえ……」と私。安心なんかさせるか。

飼い主（元）は逃げるように去った。

さてと……。実をいうと私は内心嬉しかった。こんないい猫が私の家族になったのだから。

「さあ、出ておいで。ここがお前の家だ」

「エ……コロサナイノカニャ」

「そんなことするわけないよね……」

私は猫に新しい名を付けた。

「お前はこれからトライキングと名乗れ」

「カッコイイニャ」

その後、三本脚のトライは再びライオンのような姿を取り戻した。威風堂々、病院内を我が物顔で歩き回り、モリモリの筋肉ではち切れそうな後ろ脚の一本で高いところに飛び乗っては辺りを見回し、妙に高い声でニャアと吠え、ご機嫌な毎日を過ごした。我が病院の美人看護師軍団のお姉さんたちにも大好評だった。

「キャー、トライって素敵な猫ね！」

大勢の飼い主たちも彼の雄姿を見て「励みになるわ！」と褒めたたえた。

数年後、私の幼馴染みの水野が愛犬の診察に来た時、トライが挨拶に出てきた。

「ヨオ、ヒゲノオッサン、オミャア、イケテルニャ！」

それを見て彼は「おっ！」という顔をして言った。

「いい猫だなー、俺にくれないか」

この男は私にとって数少ない信頼できる友人だ。裕福な家に生まれ子供の頃から動物たちに囲まれて育った。優しい人物なのは50年近くの付き合いだからよくわかっている。世間一般では大金持ちはケチだとか、美人は性格がダメとか悪くいわれるが、個人的にはその逆のことが多いのではと感じる。

「お前にならタダでやるよ」と返した。

「沖縄に家を買ったから連れていくよ」

「暖かくて猫には理想的な場所だな」

初顔合わせで猫を気に入った水野はそのまま連れ帰った。

「センセ、オイラ、タマノコシダニャ！」


その日の夜、彼から電話があった。

「あのさあ……猫の脚って何本だったっけ……」

実は私は彼にトライの脚が一本足りないことを伝えるのを忘れていた。長毛で脚が隠れていた上、立派な尻尾の毛に目が行き、水野は気付いていなかった。少しまずかったかなと思いながら、しらばっくれて答えることにした。

「普通は四本脚だが三本脚のもいるよ」

「なんだそうか、わかった」と納得した水野。

それから10年間、トライは暖かい沖縄の家で優しい家族に囲まれ、新鮮な魚を食べながら幸せに暮らし、天寿を全うした。

三本脚のトライが星になった晩、南の島の輝く夜空から声が聞こえた。

「ミンナ、アリガトニャ！」

犬と人が共に暮らすということ

高度経済成長時代の下町は活気に満ちていた。

大工場から出る煤煙で常に曇った鉛色の空。産業排水で銀色に染まり泡だらけの隅田川。朝から晩まで街中に響く建築重機の轟音。

カーン、プシュー！　カーン、プシュー！

四方八方からビル建設のくい打ち音が響く。大通りは建材を運ぶダンプカーが行き交う。

ズシン、ビリビリ、ズシン、ビリビリ。

どこにいても常に地面が振動していた。

辺りがビニールの焼けたような臭気に満ちているのは、大半の家庭が小さな町工場を営んでいるためだ。皆がそれぞれの仕事をするわけだから様々な化学物質が大気中に充満しても仕方がない。苦情を言う者は誰もいない、普通に呼吸して自分の生業に勤しむだけだ。文句をタレても誰も聞く耳を持っていない。みんな忙しいのだ、要求を提示する資格は働いて成果を出してから、それが大前提だった。

今に比べてシンプルなこの時代は、誰もが自分の生きる場所で生まれて育って働いた。遠く離れた他人と己を比較して悩むこともなく、むしろ幸せだったと思う。たしかに街も人間も外側は薄汚れていたが、きっと心には美しい花が咲いていた。

その証拠に大人たちは自信満々で笑い、身体からは汗とタバコ、そして希望の匂いがした。

「子供は外で遊べ、大人になったら働け」

昔の大人はそう言ったが、これは生物学的に正しい。遊ばない子供は働かない大人になる。もしかしたら仕事の邪魔になるのでそう言って家からガキどもを追い払っていただけかもしれないが。

とにかく当時の子供たちは全身傷だらけでぶっ倒れるまで真剣に遊んだ。そして遊びの中から生きていくのに本当に必要な様々な知恵を学んだ。

現代に比べると良くも悪くもフリーダムだったが、それは各家庭で飼われている犬たちも同じだった。

当時の犬たちはオリに入れられたり鎖で繋がれたりすることはなく、常に自由だった。

通常は家の中にいるが一人で勝手に出かけ、何らかの用事を済ませると普通に帰ってきた。つまり拘束されることがなく、人間と同等に好き勝手に行動する権利を持った、真の意味での家族であり社会の一員だった。

街の住人もこれを許容していた。というよりも飼い犬がその辺をほっつき歩いていてもそれは当たり前のことであって、これについてとやかく言ったとしたら変人扱いを受けたと思う。犬たちが自由だから道端に犬の糞が落ちているのは日常の風景であり、「上を向いて歩こう」を歌っている時も下を向いていないと地雷を踏むことになった。その場合は「エンガチョつけたカギ閉めた」と叫んで隣の友人の肩を叩くことで、バイキン扱いを逃れることができるルールがあった。

隣の畳屋の雑種犬のクロは一帯のボス犬的な存在だった。

畳職人が間口の広い戸のない作業場で仕事をしているその横に座り蔵前橋通りの渋滞を眺めていることが多かったが、公道にデンと置きっぱなしになっているドラム缶にナタで切り刻んだ古畳が放り込まれて火がつくと、通行人と一緒になって電線を焦がす勢いで燃え上がる炎で暖をとったりもした。

クロは町内の防犯に貢献していた。我が家に毎朝配達される牛乳が盗まれるのは決まってクロが不在の日だった。ある朝、またしても牛乳が消えた。ふと見ると畳屋のドラム缶の火で温まりながら新聞を読んでいるオジサンがいた。手には牛乳瓶を持っている。「それはうちの新聞と牛乳なんだけど」と声をかけると「ん」と言いながら折れた新聞と飲みかけの牛乳を返してきた。

ある夏の日、公園で素っ裸で眠っている男がいた。死んでいるのではと心配になって木の枝でお尻の穴を突いたところピクリとも動かなかった。やはり死んでいたのだった。昭和の中頃、こんな事件も身近にあった私の子供時代である。

そのことがあったのでクロが道端で横になっているのを見た時に「もしや」と思いイグサで突いてみた。するとクロは突然飛び起き、カンカンになって私の尻に咬みついた。母親に「隣のクロに咬まれたよう」と言いつけたのだが、「バカ、お前がイタズラしたからだろ」とお見通しで逆に叱られる羽目になった。

〝名犬風呂屋の犬〟はかなりの老犬で、いつも風呂屋の入り口で日向ぼっこをしていた。なぜそんな名前で呼んでいたかというと、名犬と呼ぶには程遠いぼんやりした風貌が面白くて少々ばかにしていたのだった。どうやらクロとは仲が悪い様子で、この二人が道端ですれ違う時はお互い鼻にシワを寄せていた。

ある朝、西から見慣れない犬の大群がやってきた。どこの家の犬かもわからない彼らに恐怖を感じた我々ガキ軍団は、すぐさま東京都民銀行の重役の黒塗りのクルマの屋根に避難した。すると畳屋のクロと名犬風呂屋の犬は共同戦線を張り、それぞれの子分を呼び集め、よそ者たちを駆逐した。風呂屋の犬もやる時はやるんだなと思った。かくして街の平和は保たれた。クルマの屋根を凹ませた私はまたしてもこっぴどく叱られた。

当時の下町の夕焼けは血のように赤かった。

これは大気汚染の原因である空気中の粒子が化学反応を起こし、太陽の低い波長を強調していたのだと思う。

真っ赤な夕日を背に受けて
小銭が入ったカゴ咥え
お肉屋さんにまっしぐら
買い物犬のペスが行く
家族のご飯を買いに行く
みんなが夕飯待っている
にこにこ顔で待っている

ペスは単独で買い物をする俗にいう〝お使い犬〟だった。

彼は買い物カゴを咥え、商店街が混む夕方の時間帯にヒトの波を縫うように小走りでやってくる。

カゴの中を覗くと数百円の小銭と「ハムカツ3枚、ひき肉300グラム」などと太字のマジックで書かれた紙が入っている。ペスが来ると肉屋は店から出てそれを読み、商品とお釣りをカゴに入れる。ペスはカゴの重みを認識すると急いで帰途につく。

オオカミを祖先に持つゆえに社会性が発達し、知能の高い世界最古の家畜である犬にこれをしつけるのは実はたやすい。毎日一緒に店に行けば一連の仕組みを理解する。そんなことを一人でやらせて途中で買ったものを全部食べてしまうのではないかと心配する方もいると思うが大丈夫だ。カゴの中身が犬にとって理解しやすい〝肉〟である以上、「これは自分と家族が生きるための大切な食べ物」と認識し、責任重大なこのミッションを終えるまでは食欲は封印されるのである。

だから任務遂行中の買い物犬の表情は真剣そのもの。または責任の重圧に耐えきれないベソカキ顔になり、とにかく早く家に肉を持ち帰ろうと必死になる。

昔はあちこちの街に普通にいた〝お使い犬〟を私が最後に見たのは昭和62年の秋、高円寺駅前である。今でもどこかの地方都市あたりに生息しているのだろうか。

今はもう見ることはないが当時は本物の物乞いが数多くいた。むしろの上に正座して、真正面には空き缶が置いてある。

当時浅草に暮らす物乞いの男性は非常に印象的だった、何と愛犬を連れていたのである。白い雑種だったが、どこかで拾ったと思われる造花で飾られ、主人と一緒になって神妙な顔つきできちんと並んで座っていた。

これを見た私は、犬にこんなことをさせるなんて反則だよと腹立たしさを覚えつつも、彼の愛犬の遠慮深げにこちらを見る瞳の中に、その主人と同化した心を見てしまったのだ。

犬は主人そのものをうつす。社長の飼う犬は社長的になる。たまに見かけるどうしようもない咬みつき犬など、これは主人がダメ人間だからそうなる。どんなに立派な肩書がある人物でも、犬が変ならばそれが飼い主の本性だ。

だからこそ、犬を飼う者は克己の精神の下に心と体を鍛え上げ、命を燃やして勤労して税金を納め社会に貢献し、恥ずかしくない人生を送り、犬が尊敬できる人となるべきだ。そして犬と一緒に何かの仕事または作業ができればさらに良い。犬を働かせるのは如何なものかと言う人もいるが、犬たちは100種類いたら100通りの専門家であり何らかの仕事に携わりながら育種を受け入れ、人類との共存の道を見出した勝ち組の家畜であるから問題はない。

当時の下町では金属加工業の油まみれの工場に鉄泥棒を撃退する凶暴なブルドッグが放されていて主人の仕事を守っていた。昔のブルは現在見るタイプとは違って気が荒かった。ただし、敷地内で商売ものの鉄材に触れなければおとなしく、この犬はやはりきちんと自分の存在理由を理解していた。

私の歴代のドーベルマンたちは皆、病院ビルの警備をするが、病院内で出会う生き物に対しては寛容で虫を殺すことすらしない。そればかりか散歩中に出会った犬に対しても病院に患者として来院する相手をきちんと見分けて「その後どうですか、お大事にね」と気遣いながら会釈する。

犬と人間が共に暮らし共に生きる時代が過去にはあった。現代の飼い主は「犬は家族の一員」とか立派なことを言いながらも、ケージに閉じ込め、何かと拘束し、その自由と繁殖能力を奪い、ろくに自分で教育もせず、飼い殺しの一生を強要し、結局はペット（＝オモチャ）としての認識しかないのでは、と思う。

人間の感情が単純なものに退化してしまった今、昔のような〝おおらかな時代〟を望んでも無理なのはわかっているが、かつて犬がケダモノだった頃に人間に教えられた人間の美徳を、彼らはいまだに持ち続けていることを忘れないでいただきたい。犬は現代の人間よりも人間的なのだ。

Nomura D.V.M

昆虫飼育のススメ

『堤《つつみ》中納言物語』は平安時代に書かれた作者不詳の短編物語集である。その一編に「虫めづる姫君」という話がある。主人公の姫様は髪を結わず眉毛も抜かずお歯黒もせず、当時としては自由気ままな服装を貫き、興味があるのはもっぱら虫という変人として描かれている。作者の意図が自由奔放さの否定なのか本質重視のすすめなのかは定かでないが、少なくとも虫を飼う行為そのものについては奇特であるという前提で話は進む。

しかし江戸時代になるとこの認識はがらりと変わり、虫は愛玩の対象とされ多くの人々がその飼育を楽しんだ。街には虫売りの行商が来て、生体のみならず飼育用品まで販売した。虫カゴは竹ひごを組んだ質素なものから豪華な蒔絵が施されたものまであったという。

昆虫飼育の文化はおそらく日本がフロンティアであり、諸外国では現代においても理解されていない感がある。カゴの中のキリギリスの鳴き声に風流を感じるのは日本人特有の感覚なのだろう。

さて、昔も今も鳴く虫で一番の人気はやはりスズムシである。

夏の夕暮れに聴くその涼し気な音色は情緒がある。飼育容器は大きめの素焼きの甕《かめ》が伝統的だ。底に敷く砂は虫が傷つかないように角がない細かい川砂を選ぶ。これをフライパンで焼いて雑菌を殺してから使うのだが、炭のかけらをいくつか立てておけばダニの発生も抑えることができる。

エサは野菜くずでよいが、楊子を刺して床材に立てると虫は喜ぶ。小皿にカツオブシを少量入れておけば共食いも防げる。時々霧吹きをして湿度を保つ。甕の口には紗をかぶせて麻紐で結び脱走を防ぐ。このように飼えば卵を産み、毎年虫の音を楽しむことができる。大人の趣味っぽくて実にシブいと思う。

昆虫の王様といえば誰もがカブトムシを思い浮かべる。

近年大きくて派手な形態の外国種が輸入され、昆虫好きはこぞって求めたが、近頃は日本産の野武士のような風貌こそが一周回って最高にカッコいいと再認識されている。この昆虫界のサムライは実際に外国産と戦わせてみるとなかなかの健闘ぶりで、〝一寸の虫にも五分の大和魂〟があるのではと思ってしまう。

飼い方は非常に簡単で大きめのケースに腐葉土を入れ、クヌギのほだ木を数本入れておけばよい。エサは昆虫ゼリーで十分だが、繁殖させるならスタミナをつけるために栄養価の高い高価なものを使うべきだ。一つのケースにオスとメスを1匹ずつ入れるのが基本だが、彼らは大変に本能的で朝から晩までエサを貪り、そうでなければ交尾に勤しむ。

やがてオスは死ぬが、メスは一人になっても床材に沢山の卵を産み続ける。夏が終わって親たちがいなくなっても、床材には子が育っているのでベビーたちのエサとなる腐葉土を増量し、翌年の夏を待つとよい。なお、虫一般に言えることだが、彼らは意外と暑さと蒸れに弱いため、温度と湿度は適宜管理しなければならない。

カブトムシに対する西の横綱はもちろんクワガタムシだ。

特にオオクワガタは希少で滅多に捕獲することができず、その輝く外観と高価さから黒い宝石の異名を持つ。30年前は全長75ミリを超えた大型の野生個体に100万円の値札が付いたこともある。現在は人工繁殖の方法が進歩して比較的安価になったとはいえ、オス・メスのペアで1万円前後といまだになかなかの高級昆虫だ。

飼い方はプラスチックケースに湿らせたクヌギのフレークを敷き、ほだ木を転がしておくだけ。エサは昆虫ゼリーの他にリンゴなども与える。彼らは寿命が長く3年以上生きるので、冬は湿度を保ちつつ凍らない程度に寒い場所で冬眠させる必要がある。

特筆すべき習性として、夫婦仲が非常に睦まじいことが挙げられる。自然界ではどちらかが死ぬまで木の洞《うろ》などでひっそりと暮らすのだが、こんな虫は他にあまりいない。ただし飼育する場合は、相性が合わないとメスがオスを傷つけるので注意したい。メスは好みではないオスがしつこいと、その小さくてペンチのような顎でオスの脚を咬み切ったり、腹に穴を開けて体液を吸って殺してしまうことがある。

小学生の男の子ならともかく成人女性が「昆虫が好きです」と言えば、虫めづる姫君の疑いがかけられてしまうが、「チョウチョウが好き」なら美しいものが好きな女性だと思われる。ならばそれを飼ってみては如何だろうか。

おすすめはアゲハチョウだ。ただしチョウ飼育の現実は美しい成虫と暮らすのではなくイモムシを育てることである。アゲハは三化性の昆虫だ。カブトムシのように1年に1回成虫が現れるのを一化性という。1年に3回の場合は三化性だ。

すなわちアゲハは蛹《さなぎ》で越冬してから羽化した春型、それが産卵して卵から成虫になった夏型、同じく秋型の計3回の成虫発生がある。秋型の成虫が産んだ幼虫は晩秋に蛹になって越冬するのでやや面倒くさい。春型や夏型の成虫が産んだ卵から育てるのが楽しい。

アゲハの卵は山椒や柑橘系の木の葉に産み付けられる。注意深く探せばけっこう堂々と葉の表面に乗っかった直径1ミリ程の黄色い粒を見つけることができる。これを持ち帰るのだが他人様の庭先の木の枝をもいでしまうわけにはいかないので「アゲハの卵と葉っぱを一枚譲ってくださいな」と言って木の持ち主に許可を得る。

さて卵は1週間で黒くなり、2ミリの一齢幼虫が生まれる。この時までに近所のホームセンターで幼虫のエサとなる山椒の植木を購入しておく。ベランダに置いた植木の葉を摘んで室内で幼虫に与えるのである。その理由はアゲハの幼虫の身体に寄生蜂がたからないようにするためだ。卵から育てる意味もそこにある。寄生蜂に産卵された幼虫は生きたまま蜂の子に食われてしまう。健康なアゲハの幼虫はモリモリ食べてポロポロと糞をする。

一齢幼虫は脱皮を繰り返し、二齢から三齢、そして四齢幼虫へと成長する。四齢から五齢になる脱皮は感動的だ。鳥の糞に擬態した地味な白黒の身体が鮮やかな緑色になるのだ。その後さらに大きな六齢幼虫になる。ずんぐりした大きな頭にギョロ目があるように見えるがこれは敵を威嚇する模様であり、本物の頭部は胴体の先っちょにある。

卵からここまで約1か月半、もうイモムシが気持ち悪いとは思わないはず。しかし可愛いからといってツンツンしてはいけない。怒ると首の後ろから黄色いゼリーのような角を突き出し、変なニオイをまき散らして抵抗する。やがて六齢幼虫は最後の脱皮をして蛹になる。この頃にはベランダの山椒もすっかり食べられていることだろう。

そして2週間後、待ちに待った瞬間が訪れる。蛹が割れて羽化が始まる。シワシワの羽をゆっくりと伸ばすその姿は神々しく、時が経つのを忘れる。羽が伸び切って羽ばたき始めたら窓を大きく開けて見守ろう。初夏の日の光を浴びて青空に消えていくアゲハチョウの姿は夢のように美しい。

「さようなら、達者でね」

でもメスだった場合は、きっとベランダの山椒に卵を産みに帰ってくる。

さてここまで頑張って読んでくださった皆さんは、きっと虫めづる姫君まではいかなくとも虫平気姫くらいにはなったと信じたい。

さあ、お待ちかね、実は飼っていて一番面白い昆虫はゴキブリである。

といっても飼うのはあの足早で不潔な日本のゴキブリではない。ペットとして出回っている海外産の高級ゴキブリである。

ゴキブリは高度な社会性を持ち、どの昆虫よりも頭が良い。私は昔から外食オンリーなのだが行く先々の全ての店で必ずゴキブリと遭遇してしまう。というより奴らは私に寄ってくる。私が決して生き物を殺さないことを確信しているのだ。

それればかりかテーブルの下から「アニキ、ちょっとそれ分けてもらえませんか」と言いながら触角を動かす。実はネズミたちも同様で店のビールケースの隙間からこちらに合図を送ってくる。「大将、ちょっとそれ投げてもらえませんか」。生き物たちの味方をやっていると色々とつらい時もある。

皆さんは台所にゴキブリが出た時にどう対処しているだろうか。駆除のため、見つける度にいちいち退治するのは逆効果だ。何も知らないゴキ家族たちが次々と出てくるのできりがない。彼らと決別する一番良い方法はこうだ。

素早く優しく手で捕獲し、ゴキの目をしっかりと見つめながら、「ダメだろ、出てくるな」と揺さぶり叱りつけた後に解放するのである。怖い思いをしたゴキは一目散に巣に帰って、仲間たちに「この家は危険だ、引っ越そう」と伝える。少しハードルが高いかもしれないがやってみる価値はある。

このように社会性のあるゴキだが、飼って面白いのは海外産のゴキブリで、おすすめの一つにヨロイモグラゴキブリがある。オーストラリア産の世界最大級のゴキだ。大きなものはタバコの箱くらいにまで育つこの種は、ユーカリの落ち葉を食べて土に戻す、自然界の重要な分解者だ。土中に数メートルにも及ぶトンネルを掘り、枯れ葉の貯蔵庫や寝室などのあるマイホームでオス・メスが仲良く暮らす。10年生きるので末長い付き合いができるのは良いのだが、これを飼うにはプンクタータという特定のユーカリの葉が必要で、100グラム1000円とステーキ肉よりも高いのが難点だ。

マダガスカル産のヒッシングコックローチはヨロイモグラゴキブリにせまる巨体を持ち、腹の呼吸器を収縮させて、その名の通り「シュッ」という音を出す。これは昆虫の中ではかなり珍しい発音方法である。この音は敵に対する威嚇や個体間のコミュニケーションに使われる。オスの背中には一対のコブがあり、オス同士の順位争いの際にこれを突き合わせて押し合う。勝ったオスは「シュシュー」と勝ちどきをあげ、負けたほうは小さく「シュ」と短く鳴く。

観察すればするほど彼らの社会は面白い。

親たちが子供たちの身体を舐めて清潔にしたり、枯葉の分解に必要なバクテリアを口移しで分け合ったり、何だかよくわからないが、皆で触角を寄せ合って会議のようなことをしていたりもする。共食いも傷つけ合う争いもなく、皆で仲良くゆったりと暮らすこの堂々としたゴキブリは人間よりも人間的に見える時がある。現代の人類はゴキブリたちの社会を見習うべきである。さあ、みんなで素晴らしい昆虫の世界にレッツ脱皮。

野鳥の囀《さえず》りを録る

私が中学生になった頃、周囲の友人たちの興味の対象ががらりと変わった。恐竜の生き残り探しの探検に行こうと誘っても誰ものってこなくなり、話題といえば異性に関することばかりになった。聴く音楽もウルトラQではなく、愛だの恋だのを主題にした歌謡曲に代わった。思春期に突入したので仕方がないが、依然として大人の扉に興味のなかった私は、表向きは話を合わせる努力をした。

当時のこの年齢層の憧れは、もはやカッコいい生き物ではなくステレオだった。これに関しては私も物欲が湧いたが、聴きたいのは天地真理ではなく野鳥の声を収めたLPレコードだった。クラスでトップになったら買ってやると母親が約束してくれたので、頑張って願いを叶えてもらった。

マイオーディオで野鳥録音の第一人者である蒲谷鶴彦氏製作の『日本の野鳥』を聴きながら、平凡社の『月刊アニマ』という自然科学雑誌を読む時、これこそが自分の求めていた大人の世界だと感じた。

ステレオを手に入れると次に欲しくなるのはカセットデッキだ。当時はFM放送を録音して聞くのが流行っていてこれを「エアチェック」と称した。私の場合そのターゲットは毎週日曜日にNHKで放送される『朝の小鳥』だった。

品の良い女性アナウンサーによる現場説明から始まるこの番組は、日本中の野鳥のメッカで生収録した録音テープを流した。しかし毎回鳥たちのコーラスが中心で、その中から特定の鳥の声を聞き分けることが難しかったのが不満だった。

それならば自分で録ろうと貯金をはたいて買ったのがソニーのポータブルカセットデッキだった。通称「デンスケ」と呼ばれたこの機体は、単一乾電池6本で連続2時間のステレオ録音が可能なすぐれもので、当時としては画期的な製品だ。マイクロフォンやヘッドフォン等の機材をセットケースに納めると総重量は15キロを超えた。

私はこれを担いで自然界の音源を求め、野に山に縦横無尽に駆け回り、貴重な生物たちの声を録音し、コレクションを充実させることを夢見た。しかし現実は厳しく、中学生の経済力と機動力ではたかが知れていた。せいぜい頑張っても東京近郊の山に行くくらいが精一杯だった。そしてこれは実際にやってみて初めてわかることなのだが、録音機材を広げ、マイクをセットし、頭には当時珍しかったヘッドフォンを装着して神妙な顔つきで録音しているその姿、これを偶然通りかかった人にじーっと見つめられた時の恥ずかしさといったら、もうたまったものではなかった。

「ねーおかーさん、このおにいちゃん何してるのー」

「録音よ」

「へんなのー」

同年代の女子に見られるのも地獄だった。

「ばっかみたい」

顔から火が出た。写真を撮ったり絵をかいたりするのはむしろカッコいいが、録音をしていると
ころを見られるとどうしてこんなに恥ずかしいのか謎である。

鎌倉の源氏山は未舗装路が続く急勾配の山道だったが、目のパッチリした中学生が遊歩道の草む
らにうずくまってヤマガラの録音なんかをしていれば、中年女性ハイカーたちの興味を引いてしま
うのは当然のことだった。

「あらー、ぼく可愛いわね。何してるの」

「鳥の録音です」

「あー、そー、ふーん、鳥の録音してるのー、ふーん、ねえ、鳥の録音だってさ」

「ふーん、鳥の録音ねー、ふーん」

「鳥の声、録って聞くの、ふーん」

「ふーん」が多いのは理解不能なことを脳内で整理するためだろうか。

「ペチャクチャペチャクチャ……」

テープは回り続けている。既に鳥は逃げてしまってもういない。でき上がったのは「ふーん」が記録されたカセットテープだった。

自然相手の一発勝負である生録音において、チャンスを逃してしまうこんなことが多々あったので、私は観光地を避けるようになった。

50年前の大井ふ頭は手つかずの湿地帯で、数多くのシギやチドリなどの水鳥が飛来した。現在のようにバードウォッチングは一般的ではなかったし、大昔から放置されたじめじめした場所だったので人の姿は全くなかった。

遠くにいる鳥の声を録音するには機材に工夫が必要だ。通常はパラボラ集音器というお椀のような器具にマイクロフォンを取り付ける。放物線状の面に音を反射させて音波を増幅する仕掛けで、カメラでいうと望遠レンズのようなものと理解していただくとよい。

しかし、このような高級品は中学生では買えないので、ビニール傘をひっくり返して代用することにした。これは当時の放送局でも普通に行われていた裏技で何よりも携帯性に優れていた。効果のほどは中々で、時々入り込んでしまう飛行機の音を除けば結果は上々だった。

「ピュィーピュィー」

シギたちの肉声がヘッドフォンで確認できる。森の野鳥たちのような美しい声とはいえないが、渡り鳥たちの貴重な音源を自分の手で記録する満足感は格別だった。憧れの比較行動学の創始者コンラート・ローレンツ博士や、海洋調査船カリプソ号で世界の海を駆け巡るクストー隊長に少しだけ近づけた気分だった。しかしここでも思わぬ邪魔が入る。

「オメー傘なんか広げて何やってんだ、オラー」

振り向くと髭がボーボーのやせ細った男性が仁王立ちしていた。この荒れ地の住人がテリトリーを荒らされたと思って威嚇してきたのである。這《ほ》う這《ほ》うの体《てい》で逃げ帰り、「遅くまでどこにいた」と怒る母親にこのことを告げたところ、「馬鹿だねお前は。そんな危ないところにはもう行かないでおくれよ」と叱られた。

とはいうものの、私の野鳥録音の熱は冷めることはなく、その後もどんどんエスカレートし、暗い明け方に家を抜け出しては始発電車に乗り、御岳山、檜原村、箱根、富士山麓などに足をのばすことになる。

春の森は野鳥たちの歌声に満ち溢れている。私の経験では繁殖期の鳥たちは、夜明け前の暗い時間が最も賑やかで、日が昇ると途端に静かになる。彼らの姿を見ることはかなり難しいが、美しい囀りは遠くからでも聞こえるし、種類を把握することも容易《たやす》い。彼らのソロは文章では伝えにくいが、「聞きなし」で表現できる。

薄暗い森の茂みからうるさく「チョットコイチョットコイ」と鳴くのはコジュケイだ。飛びながら勇ましく「特許許可局」と叫ぶのはホトトギス。山の神社の境内で聞こえる金属的な「仏法僧、仏法僧」の声の主はコノハズクである。

ブッポウソウという青い羽の夏鳥がいるが、この鳥は「ゲッ」としか鳴かない。長年このブッポウソウが「仏法僧」と鳴くと信じられてきたが、この間違いを正すきっかけになったのは野鳥の声を中継するラジオ番組だったという。浅草で飼われていたコノハズクがこれを聞き、つられて同じ声で鳴き始めたことから真実が発覚したらしい。

日本の小さな野鳥はどれも地味で同じように見えてしまうが、囀りの違いは誰にでもわかる。小さな鳥を「無理に見る」より「楽に聞く」方がのんびりできる。

ホオジロは「源平ツツジ白ツツジ」、メボソムシクイは「銭とり銭とり」、センダイムシクイは「焼酎一杯ぐぃー」、メジロは「長兵衛、忠兵衛、長忠兵衛」と鳴くが、どれも個性的で面白い。もちろんこれ以外の多くの鳥にも〝当て字〟の解釈がある。そうは聞こえないよ、とは思うものの、そう思って身を入れて聞くと不思議なことにそうとしか聞こえなくなってくる。

「バードヒアリング」や「バードレコーディング」をしていて、厄介だなと思えてしまうのがウグイスとカッコウだ。どこにでも現れるこのお馴染みの鳥たちの曲は、他の鳥たちの歌を一気にかき消すパワーがある。さらに囀りが下手なウグイスが登場すると「ホーホケ……!?」などと、途中でやめたり音程がズレたりともどかしい。

また、中には〝自分の持ち歌以外〟つまり他種の曲を得意げに歌ってしまう鳥もいてこれも紛らわしい。モズはもしかすると、捕食のために盗曲をしているのかもしれないが、それ以外の鳥にも見られる。

囀りは単なる本能的な繁殖行動ではなく、趣味の要素も含まれていると考えると楽しい。「聞きなし」が無用と思えるほど、圧倒的な美声で一度聞くと忘れられなくなるのが次の3種類だ。

アカハラ「キョロン、キョロン、チリリ」
コマドリ「ヒンカラカラカラ」
オオルリ「ピーピールリ、ピーリ、ポピーリ」

なんだか頭の中がピヨピヨしてきた。

ところで、鳥の求愛は鳴管による空気の振動ばかりとは限らない。鳥の録音をしていて恐怖を感じたのが、薄暗い森の中で地面近くから聞こえてくる大きな「ドドドドド」という不気味な音だった。これはオスのヤマドリがメスにアピールするために翼を震わせている低周波である。

青森県十和田市では、空から聞こえてくる謎の音の正体が鳥であることを知って驚いた。「ズピーヨ、ズピーヨ」という鳴き声の後に、「ガガガガガ」と聞こえる大音響がすごいスピードでこちらに接近し、それが何度も繰り返されるのだ。鉛色の曇天を双眼鏡で確認してみると、高空に円を描きながら上昇していくオオジシギの姿があった。この鳥は地面から見えなくなるくらい高く飛び、そこから急降下する時に尾羽で風を受け雷のような大きな音をたてるのである。

現在、大人になった私は機材を自由に選べるし、それらを載せる大型の自家用車も持っている。世界の秘境を探検し、大きな家で好きなだけ珍しい動植物を飼育栽培し、その設備も個人の趣味の領域を遥かに超える勢いだ。

でも、少年時代にビニール傘の集音器とカセットで野鳥の録音に挑んだ時のようなときめきはあまりない。生き物の不思議を知りたくて、初めて見るもの触れるものに新鮮な驚きを感じていたあの頃が懐かしい。

実は毎年楽しみに待っていることがある。18年前に現病院ビルを建ててから、初夏になると必ず美しい渡り鳥のサンコウチョウが屋上にやってきて「月日星ホイホイホイ」と独特の歌を聞かせてくれていたのだ。ところが、山に帰らないヒヨドリが近所に住み着いてから彼は姿を見せなくなった。今年こそは来てくれよと願いつつ、私は今日も寝室の窓を開けたまま明け方を待っている。

LIFE OF CHUN-TA
Nomura D.V.M

犬はどこまで人間か

『犬狗養畜傳《けんくようちくでん》』は江戸時代末期に絵師だった暁鐘成《あかつきのかねなり》が書いた大ベストセラーの犬の飼育書だ。その内容は育て方から病犬の看病の仕方まできめ細かく、そればかりか経験豊富な著者の犬愛が随所にちりばめられていて多くの愛犬家たちの心をつかんだ。その中にこんな記述がある。

「狗《いぬ》は則ち人間の小児と心得べし。その養い方悪しくして狂犬病犬と成り、人を咬むがゆえに遠き山野に捨てること不憫ならずや」

これはつまり「犬は人間の子供と見なして育てましょう、そうでないと野蛮な獣になります、育て方が悪かったがために捨てることになったらかわいそうですよ」という意味である。犬飼育の基本的な心がけとして全くもってその通りであり、もげるほどに首を縦に振るくらいこれは正しい。

私は7歳で〝自分の犬〟を手に入れてから57年間、歴代の愛犬たちと人生を歩み、その経験に基づいた回答として犬のヒューマナイズ、つまり人間化のススメを説いてきた。仔犬に絵本を読み聞かせ、言葉を教え、社会のルールを教育し、玩具を買い与え、一緒に遊び、食べ、風呂に入り、同じ布団で眠る。

自身で「人間の小児と心得べし」を長年実践してきたわけだが、こうして育てた犬たちに失望したり裏切られたりしたことは一度もない。「野村獣医師は犬を擬人化しすぎる」という意見があるのは十分承知だが、それは一部だけを見ての偏った意見であり〝犬の尊厳〟をきちんと認めた上で、人間圏の中で生きる特殊な生き物、すなわち4万年の歴史を持つ世界最古の〝万能家畜〟として完成度を高めてあげなさいと言っているのだ。

人間の子供も人間として育てればヒトになるが、狼が育てれば裸で走り回るヒトではない何かになってしまう。犬はもちろん獣の一種だが、長きにわたる家畜化によりヒトになるポテンシャルを持っている存在なので、これはもう人間として育てる意味が十分にある。つまりカブトムシに英才教育をしろみたいな戯言を唱えているわけでは決してない。全ての生き物は知能の差こそあれ、心と喜怒哀楽の感情を持っていて、これは生存と種の存続のためには必須の機能だが、人類の常識ではわかり難《がた》い表現の場合がほとんどであり、大きな誤解が悲劇を招くことも多い。〝トカゲ撫で殺しマダム事件〟は悲惨だった。

「センセ、このトカゲは私が撫でてあげないと息をしないの」

「それは触るな！　と噴気音で威嚇しているんですよ」

「だって気持ちよさそうに目を閉じてるのよ」

「せめて目を守ろうと必死になっているんですよ」

「そんなことないわよ」

「トカゲは撫でる意味を理解しません」

結局マダムは50万円もする希少生物のマツカサトカゲを5匹も撫で殺してしまったのだった。こういった間違いが起こらないのも犬のすごいところで、種の異なる人類と共通する解釈が多く存在するばかりか、双方向の会話が当たり前のようにできるのは、よくよく考えると生物界の奇跡だと思う。


特に感心するのは犬の発達した顔面の表情筋とアイコンタクトが可能な白目だ。これは人間と細やかな意志の疎通を図るために備わった特殊な装備であり、ここまで白目がチラチラ見える生き物は人間と犬以外には見当たらない。加えてヒト的な仕草と理解しやすい音声により、飼い主と犬はむしろ人間同士の場合よりも思考と感情をシンクロできる。

「ただいま。あれ、ポチが出迎えない。変だな。あっこれは！」

ポチは開閉式のゴミ箱の蓋を首につけたまま伏目で固まっている。部屋は滅茶苦茶だ。

「お前がやったのか」

「ヒーン、ヒーン」。震えながらにじり寄るポチ。

「すみませんでした、ついやっちゃいました」。上目づかいで許しを請うポチ。

反省している素振りなので「もうやるなよ」と言いながら首の蓋を外してやると、「ありがとうございます！　もうしません、たぶん！」とはしゃぎまわる。目はぱっちり、口角もぎゅーんと吊り上がって満面の笑みだ。

このエピソードに含まれる犬の感情は順に好奇心→興奮→満足→冷静→後悔→焦燥→恐怖→反省→感謝→尊敬→幸福となる。部屋に放し飼いのアルマジロがゴミ箱を漁った場合はこうはいかない。人間社会の善悪など理解しないし叱っても虐《いじ》められたと思うだけ。すなわち欲望→満足→怒り→嫌悪となるので、以後は鉄の檻に閉じ込めて飼うしかない。

まだ見習い獣医だった頃、ある家に往診に行った時、私は妙な違和感を覚えた。室内には綺麗に手入れされた純血の小型犬が3匹、荒れた庭にはボロボロの犬小屋に錆びた鎖で繋がれた雑種犬が1匹飼われていた。

「奥さん、室内の犬たちの予防は終わりました。次は庭の子ですね」

「あの犬はいいのよ」

「でも病気になったら大変ですよ」

「いいのあれは雑種だから」

外に繋がれたその犬はとても寂し気な表情で室内を見ている。

「そこまで差別しますか」

「はい雑種ですから」

私は仕方なくその家を後にした。

数年後、件《くだん》の家から連絡があった。「庭の雑種が咳をしてうるさいんです」。診察するとフィラリア症に罹患していることが判明した。

「予防をしないからですよ、放置すると死にますよ。治療をしますか」

「結構です、雑種なので」

「もっと可愛がってあげてくださいよ」

すると奥さんは「チェッ」と舌を鳴らして乱暴に犬の鎖を引っ張った。犬が悲鳴を上げたので虐待の前歴があるのではと疑った。次の瞬間、犬は痩せた身体で最後の力を振り絞り、飼い主の顔面に飛びかかって鼻を食いちぎってしまったのだった。

後日家の前を通りかかると、鼻を失った奥さんの庭には空っぽの汚れた犬小屋に落ち葉がたまっていた。悲しい話である。この犬の感情は困惑→劣等感→悲しみ→苦しみ→無念→軽蔑→諦念→怒り→覚悟だったのだろうか。


「大切な犬なんです、助けてやってください」

人工呼吸器に繋がれたゴールデンリトリバーを見守る飼い主が喉から血が出そうな声で叫ぶ。

「大丈夫だからガラスの向こうから見ていてください」

癌に侵された八つの乳房を摘出する手術は無事成功した。この金色の大型犬は傷口を舐めないように特大のエリザベスカラーを装着しなければならない。

「少し不自由ですが傷が治るまでは外さないでくださいね」

「わかりました」

その日の夕方、飼い主が血相を変えて再び病院を訪れた、犬は連れていない。

「どうしました」

「すみません。もう一つカラーをもらえますか」

「こわれましたか」

「いいえ、家で待っていたもう1頭の犬がムクレてしまいました」

「あ、なるほど」

翌日、公園で見た光景は〝手術をしてカラーを付けた犬〟と〝手術をしていないのにカラーを付けた犬〟の2頭がご機嫌で遊んでいるという奇妙なものだった。家で待っていた犬は、「皆でお出かけだと喜んでいたのに（期待）自分だけ留守番をさせられ（不満）やっと帰ってきた（安堵）と思ったらアイツだけ特別な何かを首に付けてもらっていた（驚愕）ずるい（嫉妬）」と解釈したらしい。そして普通ならば嫌なはずの拘束具を同じように付けてもらって（満足）事態は収束したという図式である。

動物は笑うかどうかの議論にしばしば遭遇する。ほとんどの生き物に喜びや怒りの感情があるのは誰でも何となく認識できると思う。喜んだり怒ったりすることができる生き物なら悲しんだり笑ったりすることもできるから〝動物は笑う〟は正解だ。ただし人間がコントを見て爆笑するみたいな笑いは存在しない。

笑いの起源は恐怖の表情だ。社会性動物においてこの〝畏怖の念〟の表現が〝畏敬の念〟を伝える手段に変わり、やがて笑顔が生まれる。犬は目上の者と認める相手に対して「こんにちは、貴方がちょっと怖いです。でも敵意はありません。仲良くしましょう、嬉しいです」の意味で笑うのだ。具体的には頭を下げ、両耳をぴったりと頭にくっつけ、目を細め、鼻筋に皺を寄せ、牙をむき出し、時にはフガフガと鼻で音を立てる。


ある日、新患がやってきた。

「てんかん発作が薬を飲んでも治らないんです」

「口をペロペロした後にガガガッとのけぞって横倒しになり、犬かきをしながらオシッコを漏らしますか」

「いいえ、深く眠っている時に手足をピクピクさせながら小さくウォン、ウォンと鳴くんです」

「なんだ、それは夢を見て寝言を言っているだけですよ」

犬と暮らしている方なら当たり前の日常だが、初心者や犬を飼ったことのない獣医師は笑いは呼吸器疾患、寝言はてんかんだと思ってしまうらしい。ちなみに犬の飼育経験がない獣医は非常に多く、全体の8割を超えている。不思議である。

ある日、診察室が大混雑している時に電話がかかってきた。

「センセ、うちの犬は歌うんです」

「どんなふうにです」

「こんなふうにです」

受話器から何だか知らないがオルガンの音がパフパフ鳴り響いた。ネコフンジャッタ、ネコフンジャッタ……いつまでも演奏は終わらない。

「もしもし、もしもし、忙しいんですが」

するとチワワらしき犬の遠吠えがかすかに聞こえた。

「ワンキャン、オオーン」

「ね？」

「オルガンに反応して遠吠えしただけですね」

はっきりいって、鳥と違って犬には音楽はわからない。しかしこのように飼い主の喜びに同調して一緒に楽しむ気持ちはある。

喋る犬は時折ニュース番組の隙間埋めに紹介されることがある。私が実際に目撃して大いに驚いたのは、その喋る犬が単なるオウム返しではなく要求を伝えるために自発的に言葉を使い分けていたことにある。

診察が終わり飼い主と世間話をしていた時、その犬は「マンマ、マンマ」としきりに喋った。「はいはい」と言いながら飼い主がおやつを与えると、今度は「イホ、イホ、オワンホ、イホ」と騒ぐ。

「さっきから犬がオサンポイコウと喋ってるんですが」

「あら、いやだ。ホントだわ」

「マンマとも言ってましたよ」

「今まで気が付きませんでした。キャッ、うちの子は天才!?」

飼い主は犬が喋るとは思っていなかったので、今まで聞き逃していたらしい。

鼻の低い短頭種、とりわけシーズーが人間の言葉を話すことが多いので、飼い主さんは注意して耳を傾けてあげてほしい。

人間的な様々な感情を持った犬たちはしかし、数や量の概念がなく、損得の意味もわからない。それが善の塊のような純真さの理由だ。そしてまたおそらくは、死を理解できない彼らは幸せな日々が永遠に続くと信じている。ちぎれんばかりに尾を振ってどこまでも追いかけてくる愛しい自分の犬。この素晴らしき天使たちに幸多かれと切に願う。

るーるる・るる・るー

お魚咥えたドラ猫、追いかけて、裸足で駆けてく陽気なサナエさん……。

今日も磯田家の若奥さんは勝手口から勢いよく飛び出して、家の前の道を力いっぱいに走った。ドロボー常習犯の野良猫が台所に侵入して夕飯用の焼きメザシを持ち去ったのだ。しかし、獣のすばしっこさに人間の女性が追いつけるわけがなく、猫は戦利品と共に二軒先の植え込みに忍者よろしくドロンと消えた。

「またやられちゃったわ。頭にくる！」

何事かと驚いた隣家のヒマ爺さんがしわくちゃの顔で笑いながら言った。

「いつもお宅ばかり狙われるよねえ。アンタのとこはよっぽどいいもの食べてんだねえ、フガフガ」

大都会の東京でも西部奥地に行けば、有名長寿アニメの舞台さながらの昔っぽい一戸建てを見ることができる。垣根に囲まれた小さな庭に置かれた木製の園芸台には初老のご主人が育てている盆栽が並び、1階には縁側、その奥には和風の居間、台所、若奥さんと婿の寝室、2階には奥さんのまだ小さい弟と妹の部屋などがあり、天気の良い日にはこの家で飼われている白猫のタマオが、瓦屋根の上でのんびりと日向ぼっこをしていたりする。三世代が同居する懐かしくもあたたかい昭和的な家庭である。

こういった地域には、都心部ではすっかり目にすることがなくなった野良猫がいまだに存在するが、それは特定の飼い主を持たない猫たちがなんとか生きていける豊かな環境があるからだ。素朴な住民たちも、台所を荒らされたからといって捕獲用の罠を設置して殺処分するなどという発想にはならず、まるで突然の夕立で洗濯物が濡れてしまった時のように諦めることに慣れていた。というか、どこかでその存在を受け入れていて楽しんでいるようなフシもあった。我が家の食卓から一品おかずがなくなっただけで宿なし猫が飢えずにすむと思えば、心のどこかでホッとする心理が働くのだろう。

とはいえ、まるっきり野放しにするわけにもいかない。

「おとうさーん、のんきにしていないで少しはドロボー猫をつかまえるのを手伝ってよ！」

サナエさんがそう叫ぶと、居間のちゃぶ台で緑茶を飲みながら新聞を読んでいたこの家の主、ナメ平が返した。

「やかましい！　サナエ、少しは静かにしなさい、そのくらいのことで！」

「おとうさんがそんなだから野良猫にバカにされっぱなしなのよ！」

この居間には昔懐かしい東芝の家具調カラーテレビが鎮座している。

以前は日立キドカラーのポンパという製品だったが、電源を入れてパッと画面が出る回路の電気代がばかにならなかったため、1年足らずで買い換えた木目外装が豪華な逸品だ。しかし今はコンセントは抜いたままになっている。平成23年7月のアナログ放送終了の日からは、中国製の液晶テレビを置く台になっているのである。最新型のそれはブラウン管の優しい画像とは全く違う目に刺さるようなハイコントラストな画面で相撲中継を映し、その青い光が高血圧っぽい主のはげ頭に浮かぶイラついた血管を照らしている。

再び台所の食器がガチャリと音を立てた。

「また野良猫が来たみたい！　おとうさんのおかずもなくなっちゃうわよ！」

「けしからん！　サナエ早く追いかけなさい」

「こらまてードロボー猫！」

サナエは今度は裸足ではなく木製のつっかけを履いてカタカタと凸凹に劣化したアスファルトを走ったが、最後に片方を脱いで投げた。といっても猫が逃げた方向ではなかった。つっかけはゆるい弧をえがいて、隣家のヒマ爺さん宅の玄関に勝手に生えたオシロイバナの茂みに吸い込まれた。

一応の義務を果たしたサナエはため息をついた。

「ふぅ、やれやれ、これで今晩もあの子はお腹いっぱいになるわね」

だいぶ前の話になるが、私が下町にある母親の店の前に愛車を停め、夕食を頂いていた時、若い警官二人が呼び鈴を鳴らしたことがある。

「このお店の前の道路は駐車禁止ですよ！」

母は「私の息子のクルマなのよ。忙しいのに私に会いに来てくれたのよ。だからいいのよ！」と、無茶苦茶な理論を展開したが、警官たちは意外にも
「そうでしたか、失礼しました」

と言いながら踵を返した。

「あなたたちもたまにはお母さんに顔を見せてあげなさいよ！」

と母は追い打ちをかけた。私の地獄耳は彼らの去り際の会話を聞き逃さなかった。

「いいなー、お母さんのご飯食べてたよな……」

「俺も年末は田舎に帰りたいよ……」

つまり人はとりあえずの業務を果たせば、本音を優先させる生き物なのである。


閑話休題。

さて翌日の磯田家は、しとしと降る秋雨が瓦を艶々に濡らし、庭の盆栽は来る《きた》べき冬に備えて葉を落とし、屋根のアンテナから滴り落ちる水滴が裏庭に置かれたヨド物置のトタンの屋根をてんて

んと鳴らしていた。こんな日、飼い猫のタマオは居間の一番暖かい場所に陣取って眠るのだが、件《くだん》のドロボー猫はいったいどうしているのだろう。

実はサナエは知っていた。猫は物置を載せているブロックの下の空間で満足そうに寝ているのだった。サナエの家庭は7人家族だ。すなわちカミナリ親父のナメ平と妻のフク、その娘のサナエと婿のマラオ、その間に生まれたマカちゃん、そしてサナエの弟のタツオと妹のワレメがいる。三世代同居の繁殖率が非常に高い家系である。

ある日の朝、タツオが叫ぶ声が家中に響いた。

「姉さん！　玄関にモグラの死体が置いてあるよ！」

「ギャー嫌だ！」

「誰がこんなことを、けしからん！」

ナメ平の怒りは血圧を急上昇させ頭頂部にたった一本残っている頭髪の毛根は風前の灯となった。

しかし何者かの仕業と思わしき嫌がらせ（？）は何日も続いた。

カエル、トカゲ、スズメ、ネズミ、アシダカグモ……。特に半殺しの状態でもがくアブラコウモリがのたうちまわっていた時は、磯田家の全員が震えあがった。誰かに恨まれる心当たりは一切ない。一時はマラオがどこかで浮気をしていてその相手が犯人なのではとあらぬ疑いがかけられたが、気弱な婿の身は潔白だった。

実はこの気味の悪い贈り物は全てドロボー猫の仕業だった。猫が屋外で仕留めた獲物を家に持ち帰る習性があることはベテランの飼育者の間では平安時代からの常識である。飼い主はこれを見て「ああ、我が猫は律義であるな。日々の恩を返そうと家賃を持ってきたのだな」と感心するわけだが、猫側から見た意味は全く違う。

多くの愛猫家の夢を打ち砕くようで申し訳ないが、「お前らはどいつもこいつも半人前でろくに狩りもできない。だからこれで練習しろ」である。磯田家に長年飼われているタマオが今までに一度もこれをしなかった理由は、単に「こいつらが嫌い」と感じていたからに他ならない。

飼い主が「俺の猫」と信じていても猫は「私はお前の猫なんかじゃない、都合がいいからいてやっているだけだ」と思っていることはよくあることだ。猫と女性は少し似ているところがある。若干いびつな構図になっているが、様々な状況から分析すると、このドロボー猫は磯田家を自分の家族だと思い込んでいることになる。

毎日この家だけから盗みを働くのは「与えられる食事」であり、追いかけられるのは「よくわからんがそういうもの」、物置の下は「自分の部屋」、貢物をせっせと運ぶのは「家族の教育のため」なのだ。一家とドロボー猫の距離感が非常に遠く感じるのは磯田家が猫の心を知る観察眼に乏しく、「野良は盗みながら勝手に生きている」という先入観があったことと、この猫が先祖代々にわたっての生粋の野良猫であるせいで、必要以上に用心深い性格だったからだ。

これは５０００年前に人類と猫が出会ったばかりの黎明期のような原始的な人猫関係だともいえる。それが誰も気が付かないうちに成立していたのである。だからドロボー猫は生まれて初めて知る人間との関係に満足していた。

大昔に野生の猫が家畜化されて家猫になり、捨てられて野良となり、代をかさねて野生のヤマネコに戻るかと思えば、人を慕う気持ちは捨てきれず、家畜化された身体と心のままで人に懐かしさを覚え、つかず離れず関わりを持ちたがる。だから、雨の日の物置の下で雨音を聞きながら丸くなって眠るドロボー猫は、はたから想像するよりもずっと満ち足りていた。何だか知らないがこういうものなのだ、これが普通なのだと信じていた。

木枯らしがひゅうひゅう鳴る季節になった。北風は落ち葉をかさかさと一か所に集めドロボー猫の住み処を埋めた。仕方なくその前でうずくまってみるものの、たった一人で生き延びてきた野良猫の痩せた身には辛かった。ドロボー猫は勇気を出して磯田家の縁側から室内に入り、一家自慢の家具調テレビの上で小さく丸まって暖をとった。家人が留守中の暗い家はストーブが消えていたが、外に比べれば天国だった。室内でも床と天井では数度の温度差がある。だから猫は暑いと地面にいるが寒い時には高い場所を好む。

玄関の戸がガチャリと開いて家族が帰ってきた。この日は家族揃ってハイキングに行っていたのだ。家の異変に最初に気付いたのはナメ平だった。

「おや、何だか寒いぞ」

マラオが縁側の雨戸が少し開いているのを見て言った。

「だめじゃないか、サナエ」

「あら、私としたことが」

マカちゃんが叫んだ。

「あ、テレビの上に汚い猫さんがいるでしゅ！」

一家は総出でドロボー猫を追い回し家から追い出した。猫は恐怖のあまり部屋中に尿をまき散らしながら外に逃げたが、それが彼らの怒りを燃え立たせた。

「やっぱり保護団体に連絡しよう」

マラオがそう言うとサナエはしぶしぶ頷いた。団体は人間不信に陥ったドロホー猫に難儀したものの、結果的には捕獲に成功した。猫は暴れて爪を飛ばし血まみれになった状態で、自称・慈善事業の低料金の動物病院に連れていかれた。そこでは野良猫の手術は新米獣医が担当することになっていた。ペーペーの獣医は不慣れな手つきで練習がてらの去勢をし、手術済みの印としてハサミを使って耳の先端に、まるで昔の国鉄の切符のように切り込みを入れた。

再び野にほっぽり出されたドロボー猫は、去勢されたために筋力も戦闘力も弱ってしまい、過酷な野良猫の世界の中で常に追われる身になった。強い猫たちがかつての自分の縄張りに侵入するが、逃げるしかない猫は尻ばかりを噛まれて、常に下半身に化膿巣をつくっていた。このことが体力の消耗と慢性腎不全に拍車をかけた。ドロボー猫は同属の敵に見つからないように、かつての我が家だったはずの磯田家の裏庭にそうっと戻るとうずくまった。

どんよりとした曇り空からちらちらと雪が降り始めた。手足をついたまま背を丸めて寒さに耐えたが、遮るものがないため背中はあっという間に雪で白くなった。猫は昔の夢を見た。お勝手には必ず自分の食事が用意してあり、それを頂くとなぜだか必ず追いかけられ、物置の下の自分の部屋に戻って眠り、小さな生き物を狩っては家族に献上したあの頃の夢だった。幸せだった。

寒さはやがて温かさに変わった。猫は命の限界がくると、暑さ寒さの感覚が逆転するのだ。裏庭に積もった雪の一部が猫の形をしているのに気付く者は誰もいなかった。しんしんと積もった雪は小さな町のグランドノイズを吸収して、辺りは無音になった。今、唯一聞こえるのは、舞い散る雪が閉ざされた雨戸に当たる小さな音だけである。

Sebastian
Atreyu
SPACE RACER
Nomura D.V.M

いざ往診！　見習い獣医は今日も行く

大学出たての新米獣医
今日も今日とてテンテコ舞い
腕はないが愛がある
経験ないけど情がある
無一文でも明日がある
お師匠さんにしごかれて
丁稚奉公1年目
お得意さんをまわります
昔々の私です

「野村君、午前中の診察は終わったか？　では、電話番をしながら5分で飯を食って往診の支度、クルマ洗って出動。行く場所は4軒。帰ってきたらオペの準備と手伝い、終わったら片付けと夕方の診察、入院患者の治療と掃除、家に帰るついでに所沢と小平と練馬の往診だ」

師匠はそう言うと、昼食の高級鉄火丼をがつがつと食べ始めた。

「了解です。しかし帰りの往診は、ついでと言うわりに方向がバラバラですね……」

「文句言うな」

「すいません。心の声が出ちゃいました」

私のエサは食パン2枚、1分でたいらげて行動開始だ。

師匠は人使いが荒かった。「山に行ってタケノコを採ってこい」とか「娘の彼を追い払え」などという無茶な命令もあったが、その話はまた別の機会に。若くて未熟で少しトッポい私なんかを拾って、飼って、躾をしてくれている師匠には恩を感じていたし、キツくても毎日の仕事が楽しくて楽しくて、本当に幸せだった。

師匠は自称芸術家の実弟さんと仲が悪かった。弟さんが私に言った。

「お前は今までの弟子の中で一番マシだと思うけど、兄貴の言うことなら何でもきくのか」

「もちろんです」

「まるで犬だな」

「えっ！　嬉しいです」

これは本心だった。サルとかでなくてよかったと思った。犬は強くて利口で美しくて最高の生物じゃないか。

出かける前は身だしなみを整える。病院の使者である以上、師匠に恥をかかせてはいけないからだ。さあ、往診に出発である。

しかし、私が命じられる行き先は〝手ごわい飼い主〟が待っていることが多かった。修業の一環だったと思いたい。決して「嫌な客は野村君に任せちゃおう」ではなかったはずだ。

古いアパートに到着した。

「こんにちは、往診に参りましたよ」

「アラアラ、お上がりください」

目の不自由なお婆さんに出迎えられた。

「猫の下痢が治らなくて困っていますのよ」

部屋の中はかなり荒れ果てていた。

「お婆さんは一人で暮らしているのですか」

「猫と二人暮らしですよ」

「ご不便ではありませんか」

「慣れましたよ」

道具を広げながらそんな話をしている時、彼女がさかんに畳に散らばっている何かを口にしているのが気になった。

「あの、さっきから拾って口に入れているものは何でしょう」

「私は目が見えないからお米をこぼしてしまうの。だから拾って食べるのよ」

昔の人はそういうところがある。しかしそれは乾燥した米などではなかった。

「言いにくいのですが、それは猫のサナダムシの切れ端ですよ。寄生虫の体節です。猫の腹の中に本体がいて端から切れて肛門から出てくるんですよ」

「ええ!?」

「ばらまかれた体節は蚤の幼虫に食われ、卵が蚤の体内に移動します。その蚤が成虫になると猫につき、痒がった猫が身体を舐めて蚤を飲み込みます」

「アラ！」

「飲まれた蚤は死にますが、身体の中の寄生虫は生き延びて育ちます。そうやって分布を広げる虫なんです」

「では私も？」

「明日人間の病院に行ってくださいね」

さあ大変だ。先ずは猫に蚤取りの処置をして虫下しを飲ませた。次は部屋の大掃除だ。俺がやらねば誰がやる。

家財道具を全て移動させ、隅から隅まで掃除機をかけ、拭き掃除をした。押し入れの中も全て片付けた。ついでに台所とトイレもピカピカにした。

「ところでお子さんはどこにいるんですか」

「こんな年寄りは邪魔だろうから離れて暮らしてます」

「目が見えない母親を一人で放っておくなんて」と言いかけたがやめた。子供の悪口は聞きたくないだろう。母親は子供の幸せを一番に考えるものなのだ。

「若い親切な先生、ありがとう。肉まん買ってあるので食べていってね」


次のお宅もアパートだった。

「あ、センセ、遅かったわね！」

下着姿の中年女性にセカセカした雰囲気で迎え入れられた。部屋の奥にはやはり下着姿のお嬢さんが2人いて、3台ある鏡台の前で母娘3人が髪をブローしたり、ファンデーションを塗ったり、マスカラをつけたり、大忙しでおめかしの真っ最中だ。まるで戦場である。

「ママ、私のアイブロウどこ？」

「お姉ちゃん、私のツケマ踏んでる」

「出直しましょうか」と私。

「生まれた仔猫がヨロヨロしてるの。そこにいるから診てちょうだい」

「ママー、回転ブラシ早く貸して」

仔猫は明らかに異常だった。

「生まれつき小脳に問題があるようです。運動神経に障害がある子ですよ」

3人の手がピタリと止まった。

「治るの？」

「大人になればマシになるかもしれませんが、師匠に相談します」

「ああ、どうしてうちはこんなに忙しいのかしらね。父親がいないから親子3人で店に出ているのよ」

「お忙しい時間にすみません」

「上の子は高校生、下の子は中学生なのよ。店を手伝ってもらっているの。ダメな親よね」

「いえ、ご立派です」

「その猫の親も仔猫を2匹連れてうちの前にいたのよ。他人事じゃないと思って飼うことにしたの」

「わかります」

「センセいい人ね、ラーメンとったから食べていってね」

「え!?」

「食べ終わったらどんぶりは郵便受けの横に、鍵は植木鉢の下に置いておいてね」

そう言うと、母娘はタクシーに乗って仕事に出ていった。

3軒目のお宅は住宅街の一軒家だった。この患者さんは面識があった。しかし往診の依頼は初めてだ。

「お待たせしました。メリーちゃんの病院ですよ」

「はぁーい」

よそ行きの服を着た奥さんが満面の笑みで現れた。トイプードルのメリーが尻尾を振りながら大喜びしているが、「メリーはハウス！」と命じたのを見て私はなぜなのか不思議に思い、胸騒ぎがした。

「センセ奥の部屋にどうぞ～」

言われるままに進むと、テーブルの上に並べられた豪華な寿司と高級なフルーツの盛り合わせに目がとまった。

「ここにお座りになって」

目の前にはなぜか新日本髪を結った振袖姿のお嬢さんがいる。これは一体……。

「お忙しいようなら出直しますね」と言うと、奥さんは、

「うちの娘は綺麗でしょ？　大手の証券会社に勤務しているのよ」

「お綺麗ですね」

「料理も上手なのよ。理想的でしょ？」

と何だかわけのわからない話の流れになった。あらためて正面のお嬢さんに目をやると頬を赤らめうつむいている。どうしたものかと黙っていると、

「センセ、冷えたおビールはいかが？」　と今度は酒を勧める。「仕事柄お酒はやめました」と言うと、母娘は顔を見合わせてうんうんと頷き、奥さんがあらたまった調子で言った。

「センセ」

「はい」

「男と女はね。相性ってものがあるのよ」

「はい」

「今夜は一晩うちの娘とお過ごしなさい。きっと気に入るわよ」

出た。やはり変なことになっている。

これは仕組まれたお見合いだったのだ。以前も似たようなことがあった。お世話になった偉い先生の家に食事に呼ばれた時、やはり和服姿のお嬢さんがいて「結婚したまえ」と迫られたり、「獣医をやめてうちの家業を娘と一緒に継いでほしい」とバイク屋のオヤジに頼まれたりしたことがあっ

たのだ。

「私は動物たちに身を捧げた修行僧です」などと言ってもダメなので、こういう場合はいつも「すごく太った女性が好みなんです」と嘘をついて切り抜けてきた。今も語り継がれる〝野村ポッチャリ好き説〟はこんなところから始まったのだと思う。


次のお宅は郊外にある平屋の公団住宅だった。到着するや否やドアの向こうから女性の怒鳴り声がした。

「二度と来てやるものか、いじわるババー！」

それに続いてお婆さんの怒声が聞こえた。

「こっちから願い下げだ、オカチメンコ！」

バーンと戸が開き、ふくれっ面の女性が飛び出して足早に去って行った。

「あのー、獣医でございます」

奥からお婆さんの声がした。

「遅いよ、バカヤロー」

「すいません。お邪魔します」

そこには布団が敷いてあり、寝たきりのお婆さんがいた。

「先ほどの方の御用はおすみですか」

「あいつは訪問看護師だよ。もう来ないだろうよ」

「えーと、猫が病気ということですが」

「その辺にいるから捕まえて治療しなよ」

「いませんが」

「たぶん簞笥の裏に隠れているんだろうよ」

「呼んでくださいな」

「出てくるわけないだろ、半ノラだ！」

何だかドッと疲れが出たが、仕方なく簞笥を動かした。すると今度は別の簞笥の裏に逃げ込む。それをどかすとまた別の場所に移動する。大変な思いをして何とか猫を捕獲した。

目ヤニと鼻水が酷く衰弱していた。これは猫伝染性鼻気管炎で、原因はヘルペスウイルスと細菌の混合感染だ。適切な治療薬の注射や投薬が著効するが、再発を繰り返すことが多い。

「今日の治療はこれで終わりますが、また明日にお邪魔しますね」

「あんたね、こんなに部屋を荒らしてそのまま帰る気なのかい」

家具を動かしたので長年堆積したホコリと猫の毛が床に散乱していたが、当然私は掃除をして帰るつもりだった。

「もちろんやりますよ！」

「じゃあさっさとやれ、グズ！」

布団に寝たまま怒鳴り続ける婆さんのきつい言葉はしんどいものの、大の男がこんなことで腹を立てる必要はない。さあ、本日2度目の大掃除の始まりだ。家具を全部移動させホウキで掃き、床の雑巾がけもした。ついでに洗濯物を取り込んでたたみ、食器を洗い、枕もとの吸い口を熱湯消毒して水を満たし、トイレに行くのを手伝った。

「お兄さん、あんた親切だね。私はロシアのハーフで大変な苦労をして生きてきたんだよ。天丼とったから食べて帰りなよ」

「はい」


病院に戻ると師匠が怒っていた。

「何で遅くなった？」

「御馳走になりました」

「どんな？」

「肉まんとラーメンと寿司と天丼です」

「食いすぎだ、バッキャロー！」

「はい！」

こんな日々を経て今の私がいる。

今まで出会った沢山の方たちに感謝しながら今日も仕事に勤しむ。まだまだ頑張れます。

満天の星の晩
それは起こった
ヴォーーン
ドカーン
シューー
わあ!
なんだ
コレは!
SPACE RACER
ハロー!
パカッ
ぼくの名は
アトレイユ
宇宙の
警察犬
ダヨ!
光の速さで
5万年かけて
犯人を追ってきたんだよ!
えええ!

ミクロの工兵たち

マイナス85度の医療用冷凍庫に眠っていた我々は、38度の解凍液に浸され長い眠りから覚醒しつつある。生命の炎が再び点火されて意識が徐々に戻ると共に、己の存在理由と使命を思い出す。そう我らは精鋭・再生医療細胞部隊。目標の器官に到達し、損壊した組織に変身して置き換わり、肉体の機能を正常に戻すのが仕事である。

私を含めたメンバーは全員が人工的に培養された特殊な幹細胞だ。

「総員起床し、任務に備えよ」

「了解」

「隊長、環境温度上昇、危険領域に突入します！」

冷凍庫から復活したばかりだというのに早速最初の試練がやってきた。体内に移植される我々は体温と同じ温度に加温される。解凍により周囲が徐々に温まり、特定の温度領域に達すると最悪の場合仲間の半数以上が命を落とす。

ババーン！

「隊長、第一小隊が破裂しました！」

「我らが大将は熟練者だ。最速で作業中のはずである。耐えよ」

「安全温度に到達しました」

「みんな生きてるか」

「第二小隊以降は無事のようです」

「よし次の衝撃に備えよ」

矢継ぎ早に行われる作業は、幹細胞たちの数量確認と状態検定だ。細胞懸濁《けんだく》液の一部が独製のカールツァイス顕微鏡の下で特殊染色される。沈黙した細胞は青く染まり、健全なそれは白く輝く。

「被害状況報告せよ」

「回収率90パーセントの模様です」

「おー、優秀だ」

無菌に保たれたクリーンベンチの試験管の中で胸をなでおろす我ら。ふと凍結される前の試練の記憶がよみがえる。若く瑞々しい体内で生まれて育った我々は、誰もがそのまま平穏に暮らすのだと信じていた。しかし生体組織と共に採取され、気の遠くなるような複雑な工程を経て分離、培養、増殖そして洗浄を繰り返され、耐えられぬ者は脱落する厳しい日々が続いた。奥歯がすり減るほどの艱難辛苦《かんなんしんく》を乗り越え、その結果、今我らはここにいる。戦闘工作部隊として生まれ変わったのだ。精鋭の誇りと使命感にいやがうえにも胸が高鳴る。いよいよ活躍の時が来た。闘志みなぎる同胞たちの頬はますます赤みが増している。「やるぞ」「やってやる」士気が高まる。ここで最高司令官の声が響いた。

「私は諸君を育てた野村院長である。諸君は故郷とは異なる別の肉体に移植される。患者の体重1キロ当たり諸君100万個を動員する。今回の標的は脊髄である。壊死《えし》した神経を再生し、患者を苦痛から解放せよ。不退転の決意で健闘するように。成功を祈る」

「アイアイサー」

幹細胞たちは既に触手を縮めて球体の状態になり、発射準備完了の構えで待機しているのだった。

「センセイ、治りますか」

飼い主の心配そうな顔が至近距離に迫る。その距離、実に200ミリ。コロナ対策のマスクの隙間から呼気が噴出して、私の眼球をくすぐる。人類は不安になると、相手に顔面を接近させる習性がある。

「ダメだったことはわずかです」と私は答えた。

優秀なる美人女医が報告する。

「橈側皮静脈《とうそくひ》に細胞投入装置設置完了しました」

彼女は数多い弟子の中でたった一人だけ清潔な心のままで最高に達した職人であり、1ミリの血管に2ミリの器具を入れる細やかな手先を持つ。

「御苦労。では血管内注入機、微速作動開始せよ」

「了解しました」

患者は老齢のチワワ。脊髄を損傷して半身不随が数年続いていたらしい。体重は5キロ、この場合1時間かけて500万個の再生幹細胞を全身血流ルートで移植する。

「はい終わりました。副反応監視のため休んでいただき、その後は家に帰っていいですよ」

「え、これで終わりですか」

「終わりです」

飼い主はキツネにつままれたような顔をした。

「隊長、こちら再生幹細胞第二小隊、半数が脾臓に停滞中」

「第三小隊同じく」

「第四小隊は突破しました」

「こちら隊長、残りは標的を目指して進軍せよ」

「兵員の40パーセントが脾臓で沈黙」

「想定内だ。みんな頑張れ」

チワワの体内では目に見えないミクロの部隊の活動が続いていた。

「報告。全体の30パーセントがサイトカイン救難信号発進部位に到達。これより神経細胞に変身します」

「よーし、レッツ変身！」

「変身完了」

「神経の通電開始せよ」

「秒読み開始！」

「接続成功。脳信号を両脚に伝えます」

翌日、病院に興奮した飼い主から電話があった。

「センセ」

「はい」

「うちの子がいないの」

「え」

「いつもの座布団の上にいないの」

「それで？」

「でもいたの」

「どこに」

「台所で料理をしていたら足元に立っていたの」

「自力で歩いたわけですね」

「下半身マヒが治るなんて、すごいわあ」

この再生医療に用いる幹細胞とは、簡単にいうと〝赤ちゃん〟のようなものである。将来何にでもなれるポテンシャルを持っているため、損壊した場所に到達するとその部分の細胞に変身して置き換わることができるのだ。そして時として信じられないくらいの即効性を発揮するのである。

「こちら第八小隊、眼球に漂着」

「こちら第九小隊、皮膚に停滞」

「こちら第十小隊、脳関門を突破しました」

「こちら隊長、ターゲットの修復は進行中、未到達の部隊はそのまま活動せよ」

翌々日、再び飼い主の電話を受けた。例によって興奮状態だ。

「センセ、うちの子、床に散らばったフードを見つけて食べてるの」

「つまり？」

「歳で目が悪くなっていたのに見えるようになったの」

「よかったですね」

そして検診の日が来た。飼い主が連れてきたチワワは歩き回り、白内障も改善され、さらに驚くべきことに顔の白髪が黒髪に戻って若返っていた。

「センセ、うちの子に何が起こったのかしら」

「血管から全身に細胞投与をしたので、ついでに他の悪いところも治ったみたいですね。これが再生医療の副作用です」

「副作用って身体に悪いんでしょ」

「目的以外の作用を副作用と言います。悪いことばかりではなく良い副作用もあるわけですね」

私は不退転細胞隊にねぎらいの言葉をかけた。

「諸君は過酷な任務を遂行し、大いなる戦果を示した。よくやった」

「……」

偉大なる彼らは既に患者の肉体と同化し黙して語らなかった。誉れの陰に涙あり、ああ今は亡き武士《もののふ》の笑って散ったその笑顔。いや実は彼らは犬の体内の部品に変身してしっかりと生きているのだが。その後計3回の細胞移植を行った老犬はすっかり普通の犬に戻り、6年経った現在も元気に暮らしている。

ある日の午後、鬼瓦のような怖い顔のオジサンが全身黄疸になったプードルを抱えてやってきた。

「他所の病院で2か月も入院していたのにこの有様だ。もうだめだから家に連れて帰って看取ってくれと言われたんだよ……」

既に意識はなく呼吸も途絶えそうな状態だ。血液検査では何とGPTとGOTがそれぞれ200オーバーだった。重度の肝臓病の末期である。黄疸も著しく白目まで濃いオレンジ色に染まっている。

「これは今晩死にますよ」

「何とかならないかな」

「こうなると何をやっても無駄ですが、再生医療にかけてみますか」

「何でもいいから頼むよ」

「了解しました」

さあ出でよ、再生幹細胞隊。今再び正義の腕を振るうべし。その力をここに示せ。

かくして細胞移植したその日の夜、件《くだん》の犬は意識を回復し、自力で立った。鬼瓦オジサンは実はたいして期待していなかったらしく、心臓が口から飛び出るほど驚いたという。

翌日からは通常の肝臓病治療も併用することにした。もれなく食欲も復活した。症状は日に日に恐るべき速度で改善していった。1週間後の2度目の移植の頃には意識の混濁もなくなり、尾を振って正常な犬のように振る舞った。3度目の細胞移植の日には、病気の犬には見えなくなっていた。血液検査の値も完全に適正値に戻り健康をとり戻した。

飼い主は「こんな奇跡みたいな治療、誰に話しても信じる奴は一人もいなくて、世の中の人間の馬鹿さ加減に腹が立つよ」と言った。しかし、地元の獣医を恨み、犬の運命を呪って鬼瓦みたいに怖かったオジサンの人相は、恵比須様のように変わっていた。この治療法は愛犬の命を救うだけでなく、飼い主の心も直してしまう効果があったのだった。

再生医療といえばiPS細胞を思い描く方は多いと思う。しかし私が行っているのは臍帯血や皮下脂肪に少量含まれている幹細胞を分離培養して用いる方法であり、たとえるならば前者がUFO、後者は最新型F35戦闘機である。まだ実用化されていない夢を待っている間は、実戦に投入できる武器で戦うのが私流だ。

ただし10年にわたる再生医療の治療経験からいわせていただくと、壊滅状態の腎臓を再生させるのは無理のようだ。もっとも周囲の関連器官を復活させることによって重度の腎不全患者の生活の質を改善させることは可能であり、実際に末期の腎不全の犬が月に一度の幹細胞移植によって半年以上元気な状態で延命できた例がある。

著効するのは、神経系と肝臓系は断トツで、それ以外にも遅延治癒が発生している外科疾患や角膜疾患、アレルギーなど様々な難治性の病気に対しての効果を確認している。そして椎間板ヘルニアなどの治療中に、良い副作用として偶然的に改善された認知症や白内障に対する効果も報告しておきたい。これらの作用機序の詳細は解明中だが、我が病院では〝おみくじ的に起こるオマケ〟と称している。

しかし癌患者には禁忌であり、そちらに関してはこの治療を応用した別の治療法がある。

この再生医療に懐疑的な獣医師もいるが、多分自分ができないことは否定するタイプか、そうでなければ不器用で細胞の培養が不適切なために、良い結果が出せていないのだろうと思う。

本治療は前述のオマケのように不思議なこともしばしば起こるが、培養室で作業している際に、こちらの愛情に応えるように細胞たちの強い意志を感じることもしばしばで、そういう時には仕上がった彼らの生きの良さが顕微鏡下で確認できる。

実をいうと、この細胞の元になる脂肪組織の提供者が、笑顔の絶えない家庭で幸せに暮らしているかどうかもその質に大きく影響するのだが、これもまた肉眼不可視の工兵たちの実に興味深い謎の一つである。

コソ泥と愛犬

「院長先生、刑事さんから電話です」

何ごとかと思い、心配顔の看護師長から受話器を受け取る私。

「どうしましたか」

「野村先生から10万円借りたと言い張っている泥棒がいるのですが、本当ですか」

「貸していませんよ。そんな物騒な知り合いなんかいませんし」

「わかりました。『おいコラッ！　先生は知らないって言ってるぞ。お前また苦し紛れに嘘ついたな』。あ、こっちの話です、失礼しました」

どうやら刑事さんは取り調べ中に供述のウラをとるため、犯人の目の前で電話をかけているようだった。それにしてもなぜ私の名前が出てきたのだろうか。私はある飼い主を思い出した。

「あ、もしかしたらその泥棒は小柄な爺さんですか」

「え、そうですが、よくご存じで」

「きっとうちの患者さんだと思います」

「ええっ！」

「その人、やっぱり本物の泥棒だったんですね」

35年も獣医師をやっていると、患者数も多いため様々なタイプの飼い主が訪れることになる。普通の人たちに交じって政治家や芸能人はもちろん、大富豪や人間国宝、そうかと思えばユーチューバーや宇宙人みたいな人まで何でもござれの状態だ。大勢の人間が集まる場所ではどこでもそうだと思うが、こうなるときっと詐欺師や窃盗犯もいるはずで、時には非番の警察官の横に座ってお互いに気付かずに順番を待っているなんてこともあると思う。

もちろん病院に訪れる客がどんな家業だろうと私は差別も区別もしない。私の目には一律に〝動物の健康を取り戻したいと願う愛すべき飼い主たち〟にしか見えないし、実際にここに来る人間はそうなのだから誰もが均一かつ平等になる。

「刑事さん」

「はい」

「その泥棒は死刑ですか？」

「いえ、今回は不法侵入だけですから」

「では、犬をうちで預かると伝えてください」

「え！　こいつ、犬なんか飼ってるんですか。『おい！　お前がうちの〝別荘〟に入っている間、先生が犬の面倒見てくれるってよ。よかったな』。あ、度々大声出してすいませんです」

かくして泥棒の愛犬はパトカーで我が病院に護送された。ペスという名のこの小さな雑種犬はその境遇に大いに問題があるものの、本人にとっては飼い主の稼ぎ方などもちろんどうでもよく、いつもとうちゃんと一緒にいたいだけのごく普通の犬だった。

「お前はしばらくこの病院で私と暮らすんだよ」

それにしてもステレオタイプなペスという名前、チェコ語の「犬」を表す言葉が起源とされているが、昔は「ペスター」＝「害獣」が元になっているといわれていた。

後者が正しいとすると、これは飼い主が無意識に自分の本性を示してしまったのかもなどと思いつつ、少し汚れて鼻水を垂らしているペスを見れば、ああやはり犬は無条件に可愛いのだった。しかしぼんやり外を眺める横顔は何だか不憫で切ない。

診察フロアのテラスからは夏の最後の日差しに照らされて、街路樹の葉が反射しながら揺れているのが見える。そういえば数年前のこんな日に彼は初めてやってきた。

「この犬、だんだんと食が細くなりまして……」

私はペンを走らせる。

「えーと……最近……食が……と……それから？」

飼い主から話を聞いてきちんとした時系列のカルテを作るのは、もの言えぬ動物たちの医療においてとても重要な作業である。ところが、途中少し沈黙した後に彼はこう続けた。

「先生……私はね……泥棒なんですよ……」

「ふむふむ……ええと……私は泥棒……と……あっ、変なこと言うから書いちゃったじゃないですか！」

稟告が世間話に移行してしまう飼い主には度々遭遇するが、診察台の向こうで何やらとんでもないことを口走り始めたこの老人は、よく見れば人の良さそうな顔に不釣り合いな鋭い目をギラギラ光らせていて、只者ではない雰囲気を漂わせていた。

「夜に歩き回って忍び込む家を物色するんだけどね、ペスがいれば怪しまれることがないんですよ。こんな良い相棒に死なれては困るんですわ」

変な人だなと思いながら私は答えた。

「そうですか。夜に散歩をすることが多いならフィラリアの予防薬も忘れずに飲ませてくださいね。夜間の蚊は非常に活発になりますから」

とにかく犬の健康を守るのが私の仕事なのだ。

「ついでに電池で光る首輪も付けてあげれば交通事故防止にもなりますよ」と続けると、「泥棒がピカピカ目立ってどうするのよ」と笑う。

悪ふざけをしているようには見えなかった。自分の仕事にプライドを持っている様子すら感じたので、彼をクラシックスタイルのプロと認識することにした。私は裏街道の人たちに安心感を与える何かを持っているらしく、見知らぬ暴走族が一列に並んで見送ってくれたり、ガラの悪い人たちに「お疲れ様です」と挨拶されたりすることが非常に多いので、これもそんな感じだったのだろう。

カミングアウトした泥棒はご機嫌で喋り続けた。

「やっぱり犬を飼っている家があったら、向こう三軒両隣には入れませんやね」

「そうでしょうね。少しの物音でも吠えますから」

「隣の家が犬を飼っていたら感謝しないとね」

そう言いながら顔をくしゃっとさせて笑い、薄い白髪頭を撫でたかと思うと、急に真面目な顔になり、今度は少し凄んで見せた。

「先生、雨戸狙いのチュン太とはアタシのことですわ」

私は笑いをこらえながら言った。

「中々のコードネームですな」

警察は窃盗などの常習犯に〝あだ名〟を付けることがある。お巡りさんたちも「容疑者を発見！」とかではなく「ケツパーのヒロシを確保！」みたいなほうが〝気分がアガる〟らしい。ちなみに「ケツ」は尻、「パー」はポケットのことでお尻のポケットの財布を狙うスリ犯に付けられた名だ。

その他にも電車内で荷物をまさぐる〝電まさのヤス〟、サウナの客を狙う〝汗多《あせた》のジョー〟、オモチャの鼻眼鏡で監視カメラをごまかす〝デカ鼻のイカ爺〟など様々なネーミングを警察が行うが、中には恥ずかしくて本人に言えないようなものもあるとのことだ。まれに〝ルパン〟などとカッコいい名前を自分につけて犯行現場に書き残していく犯人もいるが、こういうのはムカつくのでお巡りさんたちは完全無視するらしい。

「では、先生」

「はい」

「ペスに見張らせて庭に入ったら、まず何をすると思います？」

「泥棒のすることなんか知りませんな」

「茂みで大便をするんですよ。度胸をつけるためにね」

「なんてことをするんですか。だったら自分のウンチもウンチ袋で持ち帰ってくださいね。愛犬家のエチケットですから！」

「そして気分が落ち着いたところで、今度は雨戸の溝に小便をかけて滑りをよくするんです」

「え〜、きたないなあ。排尿した後はペットボトルの水で流すのが犬飼いのルールですよ！」

「何でチュン太かわかりますか」

「あ、スズメが鳴き始める明け方に泥棒に入るからでは？」

「当たり、さすが野村先生」

「いやどうも」

「去年一年で稼いだ金は３００万だよ」

「アッハ！　時給計算すると最低賃金以下ですな」

「だけどアタシにはこれしかないんだよね」

「さっきから聞いてるとかなりヤバいですね、アッハッハ！」

「ホントにね、ワッハッハ！」

「ところでペスの検査の結果が出ましたよ。やはり肝臓病でした。薬を出すから飲ませてください。あと犬に泥棒の手伝いをさせるのはやめたほうがいいです。バチがあたりますよ」

「そうだよね、わかったよ……」

雨戸狙いのチュン太は唯一の家族であるペスの病気が発覚し、たいそうしょげていたが、結局その後通院もせず薬も取りに来なかった……。

今ここで舌を出して喘いでいるペスは暑いからではなく病気が進行しているからだ。それは白目の色を見ても明らかだった。黄疸が出ているのである。

連絡のあった警察署の刑事さんは、雨戸狙いのチュン太が犬を相棒にして罪を重ねていたことを知らなかった。現行犯逮捕されたのだとしたら、彼は私との約束通り、犬を使わずに単独で下見をしていたことになる。具合の悪い犬はかえって足手まといだったのかもしれないが……。

数か月が過ぎた。中野通りの桜は葉を落とし始め、夜は冷え込むようになった。ペスは回復し、病院での健康的な生活にすっかり馴染んでいたが、時々さみしそうな顔をして窓の外を見ることがあった。私はペスに言った。

「お前のとうちゃん、なかなか迎えに来ないいな」

ペスにとっては犬の散歩を装った泥棒の下見も、他人の庭で大小便を排泄する最低の飼い主も、幸せな日常だったに違いない。大きな近代的な病院ビルでエアコンの利いた清潔な個室で眠り、高級な食事を与えられ、屋上ドッグランで日向ぼっこをする優雅な生活なんかより、犬は飼い主のいる自分の家が好きだ。

私はペスの肩を撫でながら彼の心の中に入り、思い出箱のふたをそうっと開けてみた。

ちっぽけな犬のちっぽけな幸せが次々と現れては消えた。仕事で稼ぐとワンカップを飲みながら食べ物をぶら下げて帰ってくるとうちゃん。とうちゃん、えびせんべい美味しかったね。夜の町でお巡りさんを見ると冷や汗をかくとうちゃん。とうちゃん、いっしょにいっぱい歩いて楽しかったね。アパートの狭い部屋でボロい布団にくるまっていっしょに寝てくれたとうちゃん。とうちゃん、暖かかったね。やさしいやさしい僕のとうちゃん、僕を育ててくれたドロボーのとうちゃん。

ペスにとってとうちゃんこそ世界の全てだったのだろう。犬はそういう生き物なのである。

私は警察に問い合わせた。

「雨戸狙いのチュン太はどうなりましたか」

電話に出た事務員らしき女性は抑揚のない冷たい声で言った。

「お教えすることはできません」

数日後に当時の担当の刑事から折り返しの連絡が来た。

「ああ先生、どうもその節は……。実は雨戸狙いのチュン太は、先日心筋梗塞で急死したらしいんですよ。身寄りがなかったので遺骨は無縁仏に入ったと思います」

犬は不思議な生き物で最愛の主人の後を追うことがある。ペスもまたそうだった。

この季節が来ると思い出す。夏の終わりの日差しに揺れる緑の葉、古めかしいコソ泥の得意そうな顔と風になびくペスの毛並み。青く高い空のあの雲の上で、爺さんと愛犬は泥棒なんかせず幸せに暮らしているに違いない。

怪物館の猫

大きな蒼い満月が町を照らす。荒れたアスファルトの上では冷たい風に落ち葉が押されてカサカサと音を立てている。欠けた排水溝の蓋の裏でリーリーと鳴くコオロギの声はもはや弱々しく、1分に一度の断末魔を繰り返しているが、明日には死ぬのだろう。無事に子孫を残せただろうか。

薄暗い路地裏では、タバコの自販機がブンブンと異常なモーター音を響かせて唸っていた。たぶん釣銭泥棒が小銭投入口にオイルを注入して、機械を狂わせたからだ。朝になって気付いたタバコ屋のがっかりした顔が目に浮かぶ。カサカサ、リーリー、ブーンブーン。

そんな深夜の悲しいオーケストラにポックンポックンとリズミカルな音が加わる。底が抜けた私の運動靴の音である。洗いすぎて薄くなってしまった体操着は、容赦なく晩秋の夜風を通すから防寒機能はもはやなかった。

「寒くなったね、リーラ」

「はい、おとうさん。でもリーラは楽しいです」

大学を出たばかりの私は愛犬と共に、風呂なし便所共同のおんぼろアパートの四畳半で暮らしていた。夜中に犬の散歩に出るのには理由があった。バブル期真っただ中の世の中でみすぼらしい私たちは異質な存在であり、先日も着飾った男女4人が楽しそうに乗るオープンカーのメルセデスに頭から泥水を浴びせられ、「邪魔だー、わははは！」と人笑いされたばかりだったからだ。

「おとうさん、リーラは自転車の横を走りたいです」

「盗まれてしまったからないんだよ」

倒産したメーカーから格安で部品を分けてもらって自分で組み立てたツギハギだらけの我が愛車は、朝起きたらあとかたもなかった。でも足がある。自分の足は盗まれることはないのだ。

「よし行こう！」

「私も盗まれることはありません。いつまでもいっしょです、おとうさん！」

私たちは風になった。ポックン、ポックン、ポックン。どこまでもどこまでも二人で走った。私には何もなかったけれど愛犬がいた。可愛い可愛いリーラがいた。犬さえいれば何もいらなかった。リーラがいたから頑張れた。

月日が流れ、愛犬と一緒にポックン、ポックンと走り続けた私は、やがて見習い医から勤務医になり、国から借りたわずかな金で独立した。13坪程度のガレージを借りて小さな病院をつくった。

しかし生活の場は依然として同じ部屋だった。

ある晩、いつものようにアパートの玄関に腰をおろし、小さな土間に置きっぱなしの靴を履こうとすると「ゲコッ!」と聞こえてぎょっとした。間違えて大きなヒキガエルを踏んでしまったのだった。

「君はどこから来たの」と聞くと、「へい、あっしはあっちからです」と言う。

「実は結核病院跡地の池でカエル合戦なんです」

「新青梅街道を越える時は気を付けて」

「へい」

ところで靴はどこにいったのかと探すと外にあった。他の部屋の住人が無意識に蹴っ飛ばしてしまったのかと思ったが、それは毎晩続いた。この謎を究明するべく共同便所の扉の陰から見張っていると、大きなオス猫がやってきて堂々と持ち去る姿を目撃した。その猫はアパートの前の細い私道に靴を置くと草むらに向かって「ニャオ」と鳴き、まもなく小さなメスの仔猫が1匹現れてそれにじゃれついたのだった。どうやら狩りの練習をさせている様子だった。

私はゆっくりと外に出て「それで遊んではダメだよ」と言うと、大きな猫は「ボロいからいいかと思ったニャ」と悪びれることなく答えた。

それにしてもオス猫が仔猫の面倒を見るなんて珍しい。「君の娘か?」と尋ねたところ「そうだニャ」と言う。

「俺たちは野良猫だニャ。娘が一人前になるまで俺が面倒見るんだニャ」

リーラが言った。

「おとうさん、あの猫の親子はずいぶん前からここにいます」

「ふーん、まあいいか。とにかく靴で遊ぶなよ」

翌日、再び外に出てみると仔猫はビール瓶のフタを追いかけまわしていた。傍にはあの大きな猫が座って優しい目つきで見守っている。

「そうそう獲物はそうやって殺すんだニャ」

「アイ、オトータン」

仔猫の顔をよく見ると、大きな目がグルグルと渦を巻いていて普通の顔ではなかった。しかも何だか仕草がおかしい。脳に障がいがある可能性があるなと思った。

「おい、君の娘はちょっと助けがいるね」

「そうだニャ、だから俺がついていないとダメなんだニャ」

人間以外の動物にも一人では生きていけない子が生まれることがある。

「母親はどうした？」

「死んだニャ」

「そうか」

野良猫には野良猫の世界がある、本人たちが幸せならば中途半端な手出しは無用と判断したものの気になった。とにかくここに居ついている以上は毎日様子を見ることができる。

「ニャンタロー」

「はい」

「飯をここに置くよ」

「すいませんニャ」

「コニャンタの分はこの皿だよ」

「アイニャ」

ただ見守るだけでは薄情なので私は彼らに名前を付け、朝晩の食事を提供することにしたのだった。「おとうさんのやることには全て従います」とリーラも納得してくれた。

ある日出かけようと支度をしていると、足に痛みを感じた。「あ、イタッ！」靴の中にビール瓶のフタが入っていたのだった。「あのヤロー」

外に出るとニャンタローとコニャンタはアパートの敷地に勝手に生えた大きなエゴノキの上にいた。

「娘、頑張って登るのだニャ」

「アイー、オトータン」

「あ、今忙しいニャ、フタはあげますニャ」

「いらないよ」

それにしてもコニャンタの成長が遅い。いつまで経っても仔猫のままだ。ニャンタローは付きっきりでコニャンタの世話をしているがどんどんやつれてきているし、白地に茶色のピカピカだった毛並みも薄汚れている。一生懸命になって娘に一人で生きる訓練をしているニャンタロー。この親子をこのままにしておいてよいのだろうか。もうすっかり冬だし。どうしよう、さあどうしよう……。はい！　ドクターストップかかりましたー。というか、気の毒すぎて見ている私のほうがもう限界だった。

「君たち、もしよければうちの猫にならないか」

「え、いいのかニャ！」

「このアパートの部屋は狭すぎるから、とりあえず私の病院で暮らさないか。貸しガレージを直した小さな病院だが、エアコンはつけっぱなしだし快適だと思うよ」

「ありがとうニャ」

苦労経験のある人は頭が良く理解力と感謝の念を持っていることが多いが、人間以外の動物にもこれは当てはまる。

愛犬と一緒に出勤し、犬1匹猫2匹と一緒に仕事をする日々が続いた。休みも取らずに働き続け、もはや靴がポックンと鳴ることはないが、気持ちは変わらない。〝額に汗を心に花を〟は長年の信念だが、私の場合、ここでいう花とは〝動物たち〟のことである。皆さんは〝自分一人が幸せ〟なのと〝自分はそこそこで愛する誰かが幸せ〟なのと、どちらを望むだろうか。私は後者である。

ある夜寝ていると布団からリーラが飛び出して私に知らせた。

「おとうさん、窓の外に曲者がいます！」

耳を澄ませると確かに何かが聞こえる。苦しそうな息遣い……。何者かが窓の外にいて、こちらを窺うだけでなく何度も何度もアパートの周りを歩き回っているのだった。「誰だ」

外に出てみるとそこには……大きなオス猫の姿があった。

「あれ！　ニャンタロー？」

いや、そっくりだがよく見ると違う。青い目、そして少し毛が長い。

「どうした？」

「俺は野良猫なんだが病気になってしまった。助けてくれませんか？」

「あの親子とよく似ているけど血縁かい？」

「はい、あいつは俺の弟です」

「なんと！」

「あなたのことは知っていましたが、俺にも野良猫の意地がありました。でもこうなってしまうともう……」

私は答えた。

「いいよ！」


かくして我が病院にはニャンタロー、コニャンタ、ケナガニャンタローの3匹が居候することになったのだった。ニャンタローとケナガニャンタローは生粋の野良猫だったので、もちろん去勢などはされていなかった。そのために男性ホルモンが正常に分泌されてオスの第二次性徴が強く発現していた。特に頬の両側に張り出したオス猫の象徴である〝肉の盾〟が発達しているため、顔の大きさは去勢されたオス猫の2倍の大きさに見えた。筋肉隆々で腕も太く逞しく、男らしい男が皆そうであるように、度胸があるから常に余裕綽々だった。

仔猫やメス猫に優しく、オス猫には礼儀正しく、犬に吠えられようが知らない人に触られようが全く動じることがなく、常に穏やかだった。苦労してきた経験があるため遠慮しているのか、猫特有の迷惑な尿スプレーなども一切しなかった。非常に立派な外観は獅子のようでもあり、私の自慢の猫たちとなった。

素晴らしい家族に囲まれ、若かった私はさらに我武者羅に働いた。勤労は誰かの幸せのために行う行為だ。感謝を受ければ嫌でも金は集まる。私はとうとう件《くだん》のボロアパートを買い上げて動物たちを沢山受け入れ、生き物だらけの生活を満喫した。これが通称〝怪物館〟の前身である。

愛犬リーラをはじめ、沢山の命たちと暮らすために自分の手で家に大改造を施した。腐った畳部屋はフローリングに張り替え、老朽化して傾いた家の躯体は数十基の自動車用ジャッキで持ち上げて水平に直した。その後、大きな地震で損壊したので思い切って新築の家を建てた。病院にいた猫たちは、この〝新怪物館〟の猫の部屋に引っ越してもらった。

ハナブトオオトカゲ、ギンガオサイチョウ、キンカジュー、フクロギツネ……。どんどん住人が集まる。もちろん猫たちも増えていった。私は幸せだった。

ある日から不思議な現象が起こった。仕事から帰ると猫部屋の戸が開いているのである。リーラに聞いても「2階で寝ている間にこうなっていました」と言う。不思議に思って出かけるふりをして家の裏に回り、窓から監視してみた。すると……。

ケナガニャンタローを中心に若い猫たちが全員神妙な顔つきできちんと座っているのが見えた。ケナガは次の瞬間すっと2本足で立ち上がり、「では今からドアの開け方を伝授する」と言いながら、「ニャッ！」という掛け声と共にドアノブに飛びついて両手で回し、壁を蹴って戸を開けたのだった。若手の猫たちは「おー！」と歓声を上げて大拍手だ。

私が窓ガラスをコンコンと叩いて「だめじゃないか」と言うと、ケナガは「ニャオーン」と猫のように鳴いてみせた。

ズガッ
うはははははは！
地球はもらった！
筋トレルームにするのだ！
あとトイレ！
げっ！
だっせえ…
ピピピ
セバスチャン
バトルスーツオン！
つづけ！
アトレイユ！
うしろもひどい…
アトレイユ
変身！
ウォーン
トオー！
犬のほうが
変身
すんのかよ！
外道め！
退治する！
しかも
かっこ
ヨス！
ぷっ！
うしろ姿
多いな
手抜きかよ！

眠れ、水難救助艇

全てのものは土に還る。それは生物でも静物でも同じことだ。

地方をクルマで走っていると、農道の片隅に野ざらしで放置された古い車両を見かけることがある。雑草に覆われたそれらの多くは長年にわたる自然界の化学的洗礼を受けて塗装が剥げ、赤錆にまみれ、部品が外れ、車体骨格が崩壊して傾いている。やがて全てのパーツは各々の分解過程を経て自然に戻るのだ。〝夏草や兵《つはもの》どもが夢の跡〟……。

かつて新車だった頃にオーナーを乗せてキラキラと輝いた時を過ごしたであろうこれらの今の姿に〝わびさび〟を感じるマニアがいる。彼らは消滅過程にある〝彼女〟たちを〝草陰のヒーロー〟と呼ぶ。ここで皆さんが今疑問に思った事柄を解説しなければならない。

女性蔑視ではなく、男性にとってクルマは色々な意味で女性である。それも溺愛すべき〝特別な女性〟だ。クルマはフランス語やイタリア語では女性名詞でもあり、名称も〝ジュリエッタ〟〝フェアレディ〟など女性的なことが多い。だからクルマの三人称は〝彼女〟なのだ。

そうなると、クルマはヒロインとなるはずだが、「散り際ですらカッコいい！」と感動する男の心には未来の自分の死に様を重ねて、〝雄々しかったヒーロー〟と理解したい心理が働く。男の人生は戦いと伸《の》るか反《そ》るかの博打、そして死ぬ覚悟の連続なので、大抵の男性は常に己の厳かな末期をイメージしているものだ。

つまり男にとってクルマは恋人であり自身でもある。私の場合はさらに〝生き物〟としての認識がある。人類のつくった機械の中でも、ここまで生物的なものは他に見当たらない。

地球上の物理法則の中で走り、曲がり、止まる。その構造が生き物の身体に近くなるのは当然のことだ。すなわち、給油口は口、燃料ポンプは心臓、ガソリンを気化させるキャブレターは肺、動力を生み出す内燃機は筋肉だ。「生き物に車輪はない」と言う人がいるが、実はある。人間を含む足のある生き物は〝円運動〟で着地して推力を得ているのだ。

大勢の専門家たちが夢を胸に膨大なエネルギーを注ぎ込んで誕生し、羨望、賞賛、嫉妬にまみれながら使命を遂行するクルマたち。こんな機械には魂が宿って当然であり、やがて意志が芽生え、愛してくれる者と心を通わせることがある。

その〝彼女〟は最果ての地の古びた倉庫で、巨大な躯体を傾け、深い眠りにつこうとしていた。満身創痍の車体のコーションプレートを手で撫でると、堆積した埃の下からクルマらしからぬ刻印が現れた。

〝SEA WATER RESISTANT〟

私は驚いた。「耐海水？」

倉庫番が言った。

「これは西独で官公庁向けに82台造られた水難救助用の水陸両用車の1台です」

「現役を退いてからここに？」

「水に浸かったまま長く係留されていたらしくこの有様です」

長年納屋で眠っていた古いクルマを〝BARN FIND〟と呼び、大層な値打ちが付くが、これは〝草陰のヒーロー〟よりも劣化が進んだ鉄屑そのものだった。

酷い状態だなあと思いながら矯《た》めつ眇《すが》めつしていると、かすかな声がした。

「私をもう一度海に……」

「この娘《こ》はまだ死んでいないよ！」

「へっへっ……お買い上げしますか？」

「書類が揃っているなら」

「あります。設計図もセットです」

値段は猛烈に高価だった。クルマに特別な感情があることを知られてしまったためだ。しまったと思った。これと似たようなことは我が病院でも頻繁にある。といっても立場が逆で、「先生は犬が大好きなのだから、私の犬が死んだら悲しいでしょう。私の犬に死んでほしくないのならば、格安で手術をしなさい」という実にけしからん理屈である。

かくして手に入れた水陸両用水難救助艇（のスクラップ）、その名はアンフィレンジャー。大戦中に数多くの軍用水陸両用車を手がけたハンス・トリッペル博士が人生の最後に手がけたとされ、その設計は実に緻密で見事なものだ。製造はＲＭＡ社。現在でも海底ケーブルや機械の水密構造体を手がけるドイツの会社だ。国内への輸入は日商岩井が行った。

耐塩アルミのモノコックボディは、一見メルセデスのゲレンデヴァーゲンに似ているが、実は非常に特殊な仕組みになっていて、エンジンルームは完全に密閉され、ガソリンの燃焼に必要な空気は各ピラーのスリットから吸引されるが、船として走行する時、水をエンジン内に取り込まないように〝水―空気分離装置〟を経て空気だけが船底の浮力チャンバーに蓄えられ、そこからエンジンの気化器に到達する。

性能的にも申し分なく、陸上では四輪駆動で時速１５０キロで走るオフロード車だが、電磁クラッチを切り替えて動力を車体後部のスクリューに伝達すれば、たちどころにモーターボートになって海上を15ノットで進む。万が一転覆しても起き上がりこぼしのように回転して体勢を立て直す不沈艦でもあり、崖から海に飛び込んで潜水状態になったとしても、短時間であれば浮力室の空気を使って燃料を燃焼させるので活動が沈黙することはない。

電話帳のように分厚い設計図を熟読することでそれらの素晴らしい仕様が理解できたのだが、問題は機体のレストアと機関の修理だった。これまでにも数台のイタリアのスポーツカーを復活させたことがある私は何とかする自信があったが、手を付けてみるとなかなかに手強く、大まかな修繕に2年、その後は使いながら問題を解決していくやり方で合計15年の歳月を費やしてしまった。

法律上クルマでも船舶でもあるため、車検とは別に〝船検〟を受けてそれに合格する必要もあった。水難救助艇という特殊なカテゴリーなので、タンカー並みの大がかりな検査を受けなければならず、これも困難を極めた。

船には〝さざなみ〟などの固有名詞があり、我が艇は書類上に〝アンフィレンジャー三号〟と記されているものの何か味気ないので、〝ハヤブサ〟の名を付けてナンバープレートも８８２３を申請した。半世紀前のテレビドラマ「海底人８８２３《はやぶさ》」をイメージしたのである。〝誰の耳にも聞こえない３万サイクル音の笛〟という主題歌が聞こえてきそうだ。

少年向け番組の話が続いて恐縮ではあるが、「宇宙戦艦ヤマト」をご存じだろうか。汚染された地球を救うため、放射能除去装置を受け取りに14万８０００光年先のイスカンダル星に勇者たちが旅立つＳＦ戦記である。

侵略者の目を避け、秘密裏に九州沖に沈んだ戦艦大和の機体を宇宙戦艦に改造するのだが、地中から地面を割りながら力強く発進するそのシーンは血湧き肉躍る。人やモノが不死鳥のように甦る物語は男のロマンであり、特に後者の場合はスーパーウェポンであることが望ましく、それを用いて正義の旗を揚げ、大義の下に力をふるい、弱きを助けることは男の憧れだ。

　ではこんな〝兵器〟を手に入れたお前は何をするのかと問われれば、当然のことながら「動物たちを助けるのだ！」となる。


　最初の出番は台風だった。

　暴風とバケツをひっくり返したような豪雨の中を冠水地域を中心に逃げ遅れた動物がいないか見まわる。しかし利口な動物たちはこういう時は意外と抜かりないようで、飼われている犬猫たちも飼い主と一緒に安全な場所に避難していた。結局その日は嵐の中で単車に乗って転倒し、大怪我を負い意識を失った人を救護搬送した。

　東京を幾度となく襲った大雪の際も出動した。ところがやはり救助要請は人間の皆さんばかり。チェーン装着時、よりによって傾斜地でジャッキアップしてクルマの下敷きになったお爺さんを救出したり、交差点で身動き取れなくなった8トン車を牽引して交通マヒを解消したり、あがったバッテリーにケーブルを繋いだり、挙句の果てに雪の運転に不慣れな人の車庫入れを代行したり、一瞬「俺はＪＡＦか？」と思ってしまった。

しかし感謝はされたようで、毎回沢山のトイレットペーパーを頂いた。たぶん何も用意がないのでその時に手元にあるものをくれたのだろうが、人間は不安になるとトイレットペーパーを買い求める習性があることがわかった。

平成23年3月11日午後2時46分……東日本大震災が発生し、尊い人命と尊い動物たちの命が犠牲になった。私はその時、熱帯魚水槽の前にいた。水面に微振動を確認した私はどうせ小さな地震だろうと思い、勉強に来ていた獣医実習生を「大地震が来るぞ！」と脅かしたのだが、揺れはどんどん酷くなり、舗装路がスライドし、新宿の高層ビル群がユラユラ揺れているのが中野区からでもわかるほどだった。

まもなくして病院に沢山の電話が入るようになった。大半は「動物たちを助けてやって」というものだったが、中には「犠牲者たちが犬に喰われているから何とかしろ」という信じられない依頼まであった。これは聞き捨てならない。犬たちの尊厳を守るために最初に言っておくが、人間の愛を受けた犬たちはどんなに飢えても共食いをせずに餓死を選ぶ。すなわち彼らは友である人間を食らうことも絶対にない。絶対にである。

状況としては陸路は寸断され壊滅状態、沿岸では水害も甚大でこんな時こそ水陸両用水難救助艇の出番であることは間違いなかった。度重なる出動で損壊したメカの修理でやや出遅れたものの、支援物資500キロと義援金を用意し救助活動に向かうことにした。

先ずは日本中の獣医師に手助けを通達した。

「動物たちを助けよう！」

強行軍になると予測できたので、放射能の重度被曝、病気や怪我、食料や排便等については全て自己責任であることを伝えたところ、勇者は一人も現れなかった。

どうせそんな程度だろうと思っていた私は、単独で出発し、線量計の針が振り切れる中、アスファルトの瓦礫を乗り越え、道がなくなればその都度浜から浮遊物だらけの海に突入して太平洋を進んだ。

現地で見た光景は……感じた気持ちは……行《おこな》ったことは……軽々しく伝えることはできない。想像を遥かに超えた地獄が待っていたのだ。

ただ、地上の惨状と何事もなかったように青く澄んだ空とのコントラスト、そして被害を受けなかった桜の木々が人々を慰めようとしているかのように蕾を膨らませていたことが、今も脳裏に焼き付いている。この活動で機体はいつものように大破したが、現在は復活して次なる動物たちのピンチに備えている。

アンフィレンジャー、眠れ、眠れ。お前が眠るこの世の中が平和で一番美しい時。

大災害を目の当たりにした私は、いつしかそう願うようになった。

ガーディアン・フロム・アニマルズ

14世紀にヨーロッパで猛威を振るった黒死病は、瘴気《しょうき》と呼ばれる霊的に有毒な空気を吸い込むことで発生すると信じられていた。だから医療従事者は、それを防ぐためにペストマスクという鳥の顔のような不気味な仮面を装着した。嘴《くちばし》のように見える部分には、今でいうアロマのようなものが詰め込まれていたという。しかし本当の原因は現代では誰もが知っているペスト菌の感染なので、その効果はもちろん無に等しかった。当時の社会は伝染病蔓延という出来事に対する免疫を持っていなかっただけでなく正しい医療知識もなかったので、ご存じのとおり事態は深刻な結末となった。

時代が進み人類は多くの疾病が病原体によって引き起こされることを知るようになる。実は細菌の発見は19世紀後半、ウイルスに至っては驚いたことにたったの127年前であり、これを言うと大抵の人は「最近じゃん！」という。人類の歴史には数々の感染症との戦いがあったが、それぞれの死者数はペスト2億人、天然痘5600万人、コレラ1000万人、スペイン風邪5000万人と甚大な被害が記録されている。

病原体たちも生き物である以上、薬剤に対して抵抗性を身につけたり変異したりしながらしぶとく生き延び、地球上に存在し続けているため、いまだに人類は常に警戒を強いられている。ちなみに完全勝利できた伝染病は1980年5月にWHOにより世界根絶宣言が出された天然痘ただ一つのみであり、目に見えない敵がいかに深刻なのかが理解できると思う。

医療や防疫が発達し、清潔になった現代に伝染病なんか流行するわけがないと誰もが信じていた令和元年に、突如その事件は起きた。新型コロナ感染症が世界的に大流行したのだ。海に囲まれた島国とはいえ、グローバル化された現代の我が国だから当然ながらウイルスはあっという間に侵入した。現在ではその真偽は有耶無耶になってしまったが、件《くだん》のウイルスの発生起源が大陸の生物兵器研究所であるという恐ろしい情報も一部あり、よりいっそう皆を震え上がらせた。

この聞きなれない感染症が蔓延したばかりの頃、ほとんどの国民は義務教育で学んだこともすっかり忘れて生物学的な知識をまるで持っていなかったため、その不安は水面の波紋の如く、広く浅く、満遍なく広がった。少しして著名人たちの感染死が報じられ、やがて身近な人たちが入院したことを知り、目に見えない不気味な包囲網がじわじわと自身に迫ってくるのを誰もが実感することになる。

テレビ番組は心構えとしてうがいと手洗いの励行はもちろん、部屋の空気の対流や、前方を歩く人の吐く息の流れに至るまでもっともらしく解説し、ますます緊張感に拍車がかかった。多くの市販マスクはウイルスを余裕で通過させるスカスカの生地だったが、ないよりましだとそれを求めて奪い合い、閲覧数を稼ぎたいネット記事はコロナの予防や治療に効くとされる食べ物を根拠もなく列挙し、インチキなサプリメントが売られ、気持ち悪い紅茶キノコが復活し、やけに高価なただの水や霊験あらたかとされる石っころなども飛ぶように売れた。

そうかと思えば、こじつけのような妖怪アマビエのお札を壁に貼り、とうとう変な宗教に入信して白眼を剥きながら朝から晩までおかしな念仏を唱え、最後はヤケになって半狂乱となり、下着姿で〝ええじゃないか〟をぶっ倒れるまで踊り続ける者までいた。

そんなカオスに鳴り物入りで登場した俄か仕込みのワクチンは、巧みに誘導された社会風潮の中で、全国民が半強制的に接種させられることになったものの、思ったほど素晴らしい効果は期待できず、臨床効果よりも経済効果がその目的だったのではないかと疑う者もいた。〝踊る阿呆に見る阿呆〟というが、実は〝皆を躍らせて儲ける利口者〟が存在したのかどうかは定かではない。

私自身はどうしたかといえば、人間社会の中で動物たちを救済する生業を営んでいる以上、静観も拒否もするわけにもいかず、波風立てず、大人しく三度の注射を受けて社会の決まりに従った。しかし、実感としては「何だこれ？」だった。

関係者の皆さんには本当に申し訳ないが、私の動物的な肉体と野生本能は〝敵でも味方でもないどうでもいいもの〟を体内に入れられたと認識した。また人類初のｍＲＮＡワクチンが超スピードで認可された。それは百歩譲って良いとしても、〝筋肉注射〟なのに〝医者が注射器の内筒を引かないのがスタンダード〟というのには疑問を感じていた。後に「注射に不慣れな技術者ばかりだから」というのがその本当の理由だったと知って苦笑した。針先が偶然血管の中に入り込んで、予定外の〝静脈内注射〟になってしまうことを防止するための基本的なこの操作は、医療の常識であるにもかかわらず、それをしなくても良いとなると、もしかしたら中身は大して意味のない液体だったのでは……と勘ぐってしまう自分がいた。

真実を知るすべもないが、人間たちのやることを常に怪しいと感じて多角的に分析する私の癖も、実は〝一種の免疫〟といえる。

かつての私は純真で責任感と義務感を固めて純結晶にしたような存在だった。一匹でも多くの動物を助けるため、休日を取らず、正月も休まず、酒も飲まず、一日一食しかとらず、少ししか眠らず、毎日毎日勉強し、葛藤し、悩み、苦しみ、これまで40年の長きにわたって己の仕事に命を燃やしてきた。

しかし、そんな調子だったから、世の中のゴミさ加減を知らず、いい歳して人類の性善説を信じていたくらいで、世渡りの経験値が極端に低かった。つまり〝悪人どもに対する免疫〟がまるでなかったのである。その結果、過去にありとあらゆる病原人間どもが次から次へと私に取りつき、血と汗の結晶の金を奪いまくった。

今から二十数年前、立ち合い料5分で１００万円を連日請求する悪徳税理士と、出世のために手柄をたてたい中野税務署の一部の極悪職員たちの陰謀にひっかかり、無実の身でありながら追徴金という名目で2億７０００万円也を強奪される羽目になり、10年にわたる猛烈タダ働きを強いられるのが決定した時のことである。

その日はエアコンが壊れていたために部屋がとても暑かった。騙され、血を吸われ、この先自分は死んでしまうかもしれない状況にもかかわらず、気のいい私は税理士と職員の皆さんが暑かろう、つらかろうと思い、全員分の冷たい水を用意しようとしたもののコップがないことに気が付いた。しかたなく地下の熱帯動物温室にある検便用の容器を使用したのだが、それらは東南アジアをはじめとする、世界中の暗黒未開の地で捕獲された野生の爬虫類たちの腐敗した下痢便を一時保存するためのもので、正体不明の寄生虫の卵まで浮かんでいた。恐らくは未知のウイルスや細菌も存在していたと思う。私は軽く中身を捨てた後、便所掃除用のバケツの水でざっとゆすいだので、そここそキレイになっているはずだった。

ところが翌日の連中ときたら、揃って青い顔をしてゲッソリ痩せていた。実は現代では病原体に病原体をぶっつけてチャラにするという医療も研究されているのだが、この時予期せずして起こった結末に対し、バイオ医学の未来に希望を感じた私であった。ちなみに自身は何ともなかった。悪人たちに対する免疫はまるでなかったが、トカゲのウンチに対してのそれはバッチリあったらしい。

彼らがその後、遺伝子レベルで子々孫々に影響が出たとしてもそんなことは私が関与する問題ではないが、もしも世界の終焉がやってきた時には、速攻で関係者とその一族全員を楽にしてあげるつもりなので、日本刀と居合の準備がある。こんなにひどい目に遭いながらも、やはり私は呆れるほどに優しいのだった。

次々と迫りくる病原体に対して、一時は死に至らしめる程の痛手を負うもののそれに耐え、苦痛を伴う戦いの末に二度とその手には乗らない知恵と力をつけ、敵を駆逐し、できることなら根絶やしにする、それが免疫という仕組みなのである。


さて、そんなこんなでコロナパニックによって人々にそれなりの免疫の知識がつくと、今度はフラットなコロナありきの日々がやってきた。全員がマスク着用当たり前、飲食店は時短営業、アクリルの衝立越しの会話、これから先は死ぬまでこんな生活が続くのかなと思うと嫌になった。人間たちはそれでいいだろう。しかし私が心配したのは犬たちの精神不安だった。

というのも、人と犬が会話を成立させるためには音声言語だけでは不十分であり、犬は常に飼い主の表情を読んでその心を理解する生き物だからである。彼らにはマスクの意味が解らないし、意思の疎通がしにくくなったのは人間の顔が大きくマスクで覆われて見えなくなったからだとは気付かないのだ。こんなことで何万年も続いてきた人と犬の関係が崩壊することになったら、それこそ人類史上最悪の大災難になってしまう。そもそも、現在の人間の生物学的地位は犬の存在なくしては成立しなかったとされているほど、犬という家畜は人類にとってかけがえのない存在なのだ。

病院から出ることもなく仕事ばかりしていると外の情報が欲しくなる。私は日々の診察で「ご家族にコロナは出ましたか？」と飼い主たちに毎回尋ねた。最初の頃は「いいえ」が多かったが、もれなく「はい」が増えてきた。やがて「子供が罹りました」「夫が入院してます」「祖父が亡くなりました」となり、とうとう「今私が罹ってます」という返事が返ってくるようになった。

動物病院業務は診察台に動物を載せ飼い主と対面するが、「ここです、ここが赤くなってるんです」などと言いながら興奮して説明する飼い主の顔が5センチくらいまで迫ってくることもあり、こちらの眼球や唇に唾の飛沫がかかることなんかしょっちゅうである。

もちろん仕事の性格上、コンビニや郵便局のようにアクリルの衝立も使用できない。しかも犬は飼い主と濃厚接触するのを常とする生き物であり、抱き合ったり、口を舐め合ったり、モフモフの毛皮に顔をうずめたりは当たり前である。もうそうなると、犬は飼い主の枕カバーや下着や食事中のスプーンと同等の汚染物体のようなものだから、こちら側としてはコロナを移されるのではとひやひやする毎日となった。

そんな中、私は自身が集めたデータを統計学的に整理して、ある法則を発見した。コロナに罹った人は「犬を飼っていない人」ばかりで、飼っているのに感染した人たちは「犬を飼っているが数年前から飼い始めた人」が多かった。しかしその場合でも「全く犬を飼ったことのない人」に比べると感染者は1割にも満たなかった。そしてなんということだろう。「子供のころからずっと犬と一緒に暮らしていて今も犬がいる」という飼い主のコロナ感染者はゼロに近かったのである。

先にも述べたが、様々な伴侶動物の中でも犬は飼い主との濃厚接触の度合いと頻度が桁違いに高い。犬の飼い主は毎日毎日愛犬を撫でたり、抱いたり、嗅いだりするだけでなく、ことあるごとに顔中を舐め回され、口の中まで舌を入れられ、犬と同じ箸を使って毛だらけの食事を食べ、自分の食器と犬のお椀を同じスポンジで洗う。ウンチやオシッコの世話をする時も、まったく汚いなどと思わず、手を洗わないまま菓子を食べるが、その菓子だって飼い主がよそ見をしている間に、犬が尻を舐めたばかりの口でペロペロして湿っていたりする。

夜になれば一緒に風呂に入り同じ布団で眠るが、なぜか枕にうっすらとウンチがついていることもある。朝はもちろん顔がびしょびしょになるまで舐められ、目も鼻も耳も口も犬の唾液でべっちょべちょだ。もう味噌も糞も一緒という言葉そのものだが、こんな日常でも当の飼い主はなんとも思っていない。それどころか愛犬家たちはそういうのが大好きだ。

そのめちゃくちゃ加減は、物理的、細菌学的という観点に限っていえば、愛し合っている恋人同士に近いものがあり、実際に肉体的接触の多いカップルほど免疫力が鍛えられて健康であるというきちんとしたデーターもある。犬の飼い主の場合は、人間同士の細菌の交換では決して得られないような免疫まで獲得しているのだと思う。「思う」って科学者がそんなテキトーなことでいいのか、という方に実例を示そう。それは私である。

永遠に終わらない地獄の激務が休みなく続く私は、念のために年に一度、高額で詳細な人間ドックを受ける。データーはアメリカで分析され、その結果はハードカバーの一冊の本になって届けられる。それによると、私のコロナウイルス抗体は通常の８００倍もあり、とんでもない値だった。ついでにいうと、肝炎をはじめとする病原ウイルスや病原微生物の存在は皆無。内臓も骨も脳も20代の値、男性ホルモンに至っては同年齢の17倍もあったのだ。

これを知った人は「やっぱりアンタは人間じゃなかった」と言うが、「はい、きっと人間じゃありません」と私は答え、「でもきっと心も身体も動物たちがいてくれるから健康なんだと思います」と付け足している。

コロナ属のウイルスに限らず、自然界には無限に近い種類の微生物が存在している。その中でも人畜共通で比較的無害のものが犬と飼い主の間で交換が行われ、さらに愛というスーパーデリシャスなパワーが働いて、お互いの免疫力を高め合っているのに違いない。

正義の鉄槌を受けてみろ！
NomuraD.V.M

返された犬笛

その見知らぬ中年女性は千代紙で彩られた箱を私に差し出すと言った。

「先生、これをお返しに参りました」

さて何だろうと開けてみると、銀色に輝く小さな笛がカチャリと音を立てて転がった。私は思わず自分のポケットの中を確認した、何しろそれは私が50年以上もの長きにわたって常に携帯し、歴代の愛犬たちに使用してきた英国製の犬笛と同じ型のものだったのだ。

犬は人間には感知できない周波数の音を聞くことができるため、超音波を出す笛を使って訓練することがある。大声で声符《せいふ》による命令を出さなくても、そして視界が悪くジェスチャーによる視符《しふ》のコマンドが出せない場合でも、周囲に知られず遠くから確実に犬をコントロールできるからだ。よってこれをサイレント・ホイッスルと呼ぶ場合もある。

映画『ドーベルマン・ギャング』では、悪人たちがヒトの耳には聞こえないこの笛を使って7頭の犬を操り銀行強盗をさせた。当初ドーベルマンクラブは「印象が悪くなる」と猛抗議をしたらしいが、世の反応は「なんと利口な犬種だろう」と絶賛の嵐だったためクレームを取り下げたらしい。

「はておかしいな、あるな……」

私の長年の愛用品はいつものように内ポケットの底で光っていた。するとこの箱の中の笛はいったい……。女性の顔を見つめているうちに、忘却の丘の彼方から30年前の記憶がよみがえる。そう、やはりこんな小春日和の午後だった……。

あの日、20歳くらいの女の子が洗濯石鹸の箱を持って病院の前をウロウロしているのを見た私は、何か嫌な予感がしたので声をかけたのだった。

「よもや君は生き物が入った箱を病院の前に置き捨てようとしているのではなかろうね？」

「あちゃー、見つかっちゃいましたか……テヘペロ！」

「ふざけちゃだめだよ。そういうことをする人間は私は嫌いだぜ」

「だって踏切に死にかけの子ダヌキが落ちていたら、どうしていいかわかりません」

「たしかに西武新宿線の線路沿いにはタヌキが棲んでいるが、コレは犬の子供だよ……」

衰弱した仔犬は治療により数日後に奇跡的に復活したが、何より驚いたのは茶色だとばかり思っていた彼を洗ったところ純白の犬に変身したことだった。お見舞いに来た女の子は言った。

「可愛いね、フワフワだね。先生、私、この仔犬飼おうかな」

「飼ってくれるなら治療代はタダにするよ」

「お金とる気だったの？」

「こっちだってカスミ食って生きてるわけじゃないんだよ」

「飼います。そして治療代も払うわよ」

「いやタダでいいよ。そのかわり約束してほしい。君たちはどちらかが死ぬまで、いや、いつの日か二人が順番に天国に行ったとしても、ずっとずっと一緒にいてほしいんだ」

「犬ってそういうものなんですか」

「そうさ、たとえ世界に終わりが来ても犬と飼い主は永遠に一つなんだよ」

「わかりました」

「よし、この子はたった今から君の犬だよ！」

人生における愛犬との出会いはこの宇宙で起こる奇跡の一つだ。異なる生物種同士にもかかわらず、心が強く結ばれる不思議。犬が飼い主に示す極上の愛は偽りも打算も裏切りも無縁であり、あまりにも純粋すぎるから飼い主もそれに応えることになる。ちなみに愛する者のために炎の中に飛び込むのは〝子を思う母親〟と〝飼い主を思う犬〟だけだ。

女の子は仔犬をリッキーと名付け、可愛がった。私は仔犬の育て方をことあるごとに伝授した。

「食事は仔犬用を用いること」

「ハイ」

「食事の量は仔犬の頭くらいを目安に5回に分けること」

「ハイ」

「成長に応じて便の状態を見ながら食事量を増やすこと」

「ハイ」

「日光浴と運動を欠かさないこと」

「ハイ」

「夜は一緒の布団で眠ること」

「ハイ」

「躾は即賞即罰を心がけること」

「ハイ」

リッキーはすくすくと成長した。彼女の〝犬愛〟はそのいでたちにも反映された。すなわち〝ひっつめ、すっぴん、Tシャツ、ジーパン、スニーカー、腰にはベルトポーチ〟の勇ましさである。これはヤンチャな仔犬を真剣に育てている女性に特徴的なスタイルでもあり、ママチャリの前後に幼児を乗せ、背中には赤子をくくりつけ、さらに野菜やトイレットペーパーや紙オムツ満載のまるで動く城のような状態でペダルを漕ぐ人間の母親にも似た、一種独特の美しさがある。

やがてリッキーは筋肉隆々の素敵な成犬になった。夕日を浴びて黄金に輝くその姿は神々しく、もはや死にかけのタヌキの子に間違われたあの頃が何か別の思い出のようだった。

ある晩、当時の愛犬リーラ号と家の前で遊んでいた時のことである。遠くからバッタンバッタンと疲労感に満ちた靴音を立てながら、何者かが走り近づくのを私たちは聞いた。リーラ号は警戒して口の中で小さく唸った。

「待て、様子をみよう」

次の瞬間、怯えた表情の中型犬が目の前を走り去り、それに続いて疲れ果てた汗まみれの男が通過した。男は半泣きで「ローラ！　ローラ！」と叫んでいる。これは逃げてしまったローラをその飼い主が追跡している図式だった。しばらくすると再び靴音が聞こえてきて先ほどと同じようにローラが前を通り、それをいっそうヨロヨロになった飼い主が追う。「はあっ、はあっ、ローラ……ロオオオラア〜」もう号泣してドロドロだ。

その後も彼らは住宅街のワンブロックをグルグルと何度も周回し、御苦労なことに、この悲しくて悔しくてこっちまで泣きたくなってしまう無限ループは深夜まで延々と続いた。

「ロオオオラア〜、ヒック、エック……うわーん！」

夜の静寂にこだまする飼い主の嗚咽……地獄である。

そもそも犬が飼い主から逃げ去るとか呼びが効かないとか、これはもう愛情と躾が不足しているわけで、もしかしたらさらに深い部分、つまり飼い主の犬に対する精神的な立ち位置が間違っている可能性がある。こちらが好きだから相手も自分を好きだろうと一方的に思っていたとしたらそれは勘違いストーカーだし、そもそも自分中心の我が儘な幼児性がむき出しの男など犬は決してリーダーとは認めない。

その点、件《くだん》の女の子と愛犬の関係は完璧だった。だから彼女のリッキーが、飼い主失格男のローラのように逃亡することは100パーセントないと断言できた。しかし不幸なことに、その信頼関係を一時的にマヒさせてしまうかもしれない〝音響シャイ〟という厄介な欠点をリッキーは持っていたのだった。

これは大きな音が異常行動を招く遺伝的な現象で、飼い主が努力しても滅多に治ることはない。こういった犬は屋外で突然の雷鳴などに遭えば、怯えて自制が利かなくなり暴走してしまう。雷が多い夏場に迷い犬が増えるのはこのせいである。音に怯える犬の身体を柔らかい帯を用いて特殊な緊縛を施し落ち着かせる技があるものの、人間よりも聴覚の優れた犬たちは飼い主が気が付く前に雷鳴を感知して狂ってしまうことが多い。

音響シャイに限らず万が一犬とはぐれてしまった場合に、ローラの飼い主のように声をからして犬の名を叫び続けるのは効率が悪い。私が歴代の愛犬たちに教えてきた犬笛のコマンドはシンプルで、短く2回吹いて「コイ」、長く吹けば「トマレ」を意味する。これだけで迷子や交通事故は防げる。私は女の子に犬笛を進呈した。

「これで練習しなさい。きっと役に立つ」

「犬だけに聞こえる笛だなんてすごい」

「他の笛と混同しない周波数に調整したよ」

　彼女は来る日も来る日も笛を吹き、犬と過ごした。それから数年後の夏の夜、やはりというかとうとうというか、私が予測した通りの事件が起きてしまったのだった。突然の電話に胸騒ぎを感じた私が受話器をとると、大泣きの彼女が叫んだ。

「先生、リッキーがいなくなった！」

「雷か？」

「はい、山梨のキャンプ場で雷鳴に怯えて森に消えちゃった」

「笛を使いなさい！」

　しかしその日、リッキーは見つからなかった。それからの彼女は仕事を休み、連日時間の許す限り現地に出向いて迷った愛犬を捜索した。

「リッキーも君を探しているはずだから、はぐれた場所を中心に笛を吹きなさい」

「ハイ」

1週間が過ぎた。現地の人たちに聞いても目撃情報は全くなかった。「私がキャンプなんかに連れていったからだ」と彼女は自分を責めた。さらに1週間が過ぎてから驚きの連絡がはいった。

「笛を吹いていたら川の向こう岸から汚れて痩せたリッキーが現れました」

「それで?」

「でもキャンプ場の誰かが花火を打ち上げてしまい、その音に驚いてまたいなくなりました……」

「笛だよ、笛を吹いて」

私は励ました。その後も彼女の努力は続いたのだと思う。なぜ「思う」なのかといえば、それからの彼女の連絡が途絶えてしまったからである。もしや山で遭難したのではと思い、電話をかけたが不通になっていた。当時は携帯電話もメールもない。

それからしばらくしてからカルテの住所のマンションに問い合わせたが、既に別の人が住んでいたのであった。


あれから30年経った今、あの時の笛が、リッキーを呼ぶ笛がここにある。どういうことなのだろうか。箱に入った犬笛を持ってきた中年女性が言った。

「先生、姉はいつも、リッキーと暮らしたあの頃が人生で一番幸せだったと申しておりました」

「ああ、リッキーの飼い主さんの妹さんだったのですね……」

「リッキーはあの後、結局見つかることはなく、姉はたいそう落ち込んで実家に戻ってきたのです」

「そうだったのですね。本当にお気の毒でしたね……」

ここで私は言葉の違和感にハッとなった。

「あの……リッキーの飼い主さんは……お姉さまは今どうなさっていますか？」

「先月、リッキーのところに旅立ちました。癌でした」

私は驚いた。ああなんたることだろう。私が思い出すことができるのは愛犬ファッションでリッキーと一緒に笑う若き日の彼女の姿だけだ。

「先生、姉は30年間笛を吹き続けました。山ではぐれた犬が何十年も生きているわけないのにねえ……。そして亡くなる時に私に言ったのです。『先生は、いつの日か二人が順番に天国に行ったとしてもずっとずっと一緒って言っていたから……だからこれでやっとリッキーに会えるわね……私は死ぬけどリッキーが待っていてくれるから怖くはないわ。もうこの笛は必要ないから先生に返してね』と」

そう、どんなに時が過ぎても飼い主は犬を思い、犬も飼い主を忘れない。リッキーはちぎれんばかりに尻尾を振って飼い主との再会を喜んだことだろう。離れ離れになったとしても心は一つ。きっと待っていてくれる。必ずどこかでまた会える。それが犬の尊さでもある。

病院の不思議・飼い主編

今ではすっかり〝老舗〟の仲間入りをした我が病院も、当たり前のことながら初々しい新規開業時代があった。師匠の激しい修業に耐え、心と技を磨いた私は、国民金融公庫（現日本政策金融公庫）からわずか８００万円の資金を借りて、動物たちの病魔と決戦する死闘の場を築いた。

賃貸ガレージを改装したわずか13坪の当時の病院は、現在の巨大な野村獣医科Ｖセンターのバリアフリートイレ程度の広さしかなかったが、一国の主となった私にとっては己の全てであり誇りでもあった。

これは自慢だが、私は日本有数の伝説の名医の一門会、別名野武士会とも呼ばれた非常にまじめで硬派な獣医道流派の最後の弟子である。最近は根拠不明の自信を持った〝意識高い系〟の若い獣医師たちが〝徒弟制度〟を嫌って修業もせずに参考書を片手に無責任な我流をふるっているが、これは言語道断である。師匠を持たないデタラメ剣法は一切認めることはできない。

さて、そんなわけで私には一派の流れをくむ兄弟子たちが日本中に存在するわけだが、こわい先輩たちの中でも特に話のわかる高峰先生からもらったアドバイスは希望に満ちた門出を一転恐怖に叩きこむものだった。

「開業初期の試練に覚悟」

「といいますと？」

「不可解な現象だが、皆が通る道だ」

その時はすぐに訪れた。

「アフリカから直輸入したサルが謎の性病です！」

「8キロの犬のお腹に20キロの腫瘍があります！」

「猫の顔が割れて癌の塊が飛び出ています。何とかして！」

一般的な診療に混じって、見習い時代の知識と技術では対処できそうもない難病患者たちが次から次へと押し寄せてきたのだ。

「こんなの初めてだ……」

兄弟子曰く「当たり前だ。世界は広い。苦しんで自力で解決しなさい。修業の成果をここに示せ」。

私のスローガンは患者に対する興味と愛情、そして責任である。眠れない夜が続く。突破口を見つけて解決しても、すぐに次の強敵が現れる。特に責任の重圧は地獄だった。無理をして疲労困憊し、何度も意識を失って倒れた。

「その地獄にもう一つの地獄が加わるであろう」と兄弟子。

「ええっ？」

獣医医療の業務は複雑だ。人間の病院と大きく違うのは、〝弱った動物たち〟を病院に連れてくるのは〝元気いっぱいの飼い主たち〟であることだ。飼い主が健康なのはいいとして、問題はその性癖である。

「5万円で買った犬の癌の手術に本体価格以上の金は出せない」とか「うちの犬に死んでほしくなかったら、無料で治療をさせてあげてもいいよ」とか「治し方を教えてもらうだけでいい。自分で薬を買ってきて注射する」など、これでもかというくらいに〝変な人たち〟が大勢押し寄せてきたのである。

少しでも逆らえば「ヤブ医者だって言いふらしてやる！」ときたもんだ。

病魔との戦いで手一杯なのに、変人たちの理不尽な要求が私の精神をボロボロに消耗させることになった。分析するに、地獄その1は〝他院で見放された病気の動物を何とかして治したい人たち〟、地獄その2は〝他院から見放されたどうかしてる人たち〟なのかなとも思う。

とにかく新しく開業した病院は、例外なくこういった患者が殺到するという不思議。私の場合はメディアに紹介される機会が多く、患者が日本中から来るため、これが10年以上続いたのだった。

さて、不愉快な飼い主たちの異常さの根底には〝安くあげたい〟というケチ根性が見え隠れしていることが多いのだが、〝本当にお金がない〟と〝動物なんかに金を使いたくない〟は別物であり、後者の飼い主にのみ発生する不思議な現象がある。

「先生、うちの猫が便秘なので近所の病院で浣腸してもらったのですが、今死にかけています」

「これは便秘ではなく尿道閉塞ですね。オチンチンが膀胱内でできた砂で詰まっているんですよ……」

エサを出しっぱなしで与えていると、尿の水素イオン濃度がアルカリに傾き、尿に結晶が析出する。さらに身体ができ上がる前に早期去勢していた場合、発育不良の陰茎の小ささも影響して罹患率は高くなる。尿が出せない状態で一日放置すれば急性腎不全で死んでしまうので、愛猫の排尿の確認は欠かしてはならない。

「奥さんの猫は重症でカテーテルも入らないし、超音波も無意味でした」

「ではどうしたら?」

「手術でオチンチンを除去して女の子みたいな排尿ルートをつくります」

これは肛門の下に縦に切開を入れ、骨盤内にある坐骨尿道筋や坐骨海綿体筋を、陰部神経を傷つけないように骨盤から切り離し、陰茎の奥にある尿道を前立腺が見えるくらい体内から引き出して、女性的な形態に整形するというダイナミックかつ繊細な技術を要する手術である。失敗すれば醜い外観、尿が出にくい針穴のように小さな排尿孔、神経麻痺による垂れ流しなどで猫は苦しんで、死に至る。

「はい、できました。手術は完璧ですよ。しかも外観も美しいです」

「先生、ありがとうございました！　まあ、キレイ、大手術をしていただいて感謝です。代金は入院費も含めて全額現金でスパッと払いますね！」

まあ別にカードでもいいのだが、これが普通の飼い主であり、もちろんこの後は順調に回復し何も問題は起こらない。

一方で、全く同じ状況で手術を受けていながら不幸な結末になる場合があるのだ。驚くほどネガティブで、不条理な難癖をつけ、常に金を出し惜しみする飼い主が中にはいる。

「先生に死ぬって脅かされて、手術をやられて、大金を請求された。ローンを通さずに信用貸しの分割払いで支払いたい」

「えっ？『詳しい説明をしてもらって、難しい手術をしてもらって、しかもキレイに仕上げてもらって、命を助けてもらって、それなのに安かった。ありがとう』じゃないんですか？」

そもそも信用貸しの分割払いを提案してくる飼い主は、１０００人中、９９９人がトンズラしている。そしてこういうモンクタレの場合は必ず何かが起こる不思議……。

「先生、退院して家に帰って1週間後にいつものように外に出してやったんだけど、野良猫と咬みつき合いの大喧嘩をして手術した部分を食いちぎられて帰ってきた！　どうしてくれる？」

「どうしてくれるって……それって私のせいですかね」

再手術、そして入院、ブチブチとケチな愚痴を聞きながら、それでも動物に罪はないと思い、誠心誠意尽くす私。こちらとしては二度と会いたくない飼い主なのに、こういう人に限って想像もつかないような事件が起こり、なかなかスッキリとしない不思議。これに関してはどういう原理が働いているのかいまだにわかっていない。

「先生、うちのフェレットどんな感じでしょう」

「腸閉塞ですね。腸が壊死《えし》する前に摘出しましょう」

「触診だけでこんなにすぐにわかっちゃうんですか？」

「はい、レントゲンもエコーもＭＲＩも要りません。過去６０００件のうち誤診はゼロです」

「すごい」

「正確に言うと、そのうち数件は異物ではなく腫瘍によるものでしたが」

不必要な検査による動物の苦痛を回避し、後手後手にならないスピードを確保し、飼い主の経済負担を抑えるのが私流。ここからはいつもの台詞が1分続く。

「以前は2時間かかっていたオペですが、今は慣れたため1時間で終わります。血管はよけますので血は3滴しか出しません。神経も同様で術後の痛みもありません。だから包帯も絆創膏もエリザベスカラーも要りません。縫い目はＹＫＫのファスナーのように正確で綺麗です。ガラス張りのオペ室ですから麻酔から終了まで全てを見ていただいてもかまいません。見たくない場合は、館内で自由にしているか、隣のロイスダールでケーキでも食べていてください」

ガラス張りの無血開城オペは飼い主さんに大好評だ。

縫合糸が空中を切るスピードはしばしば音速を超えて小さなソニックブームが発生するほどで、迷いも無駄もない素早く正確なその動きは〝見せる〟から〝魅せる〟に変わり、もう一生無関係でいたいと思えるほどに無礼で嫌な飼い主だったとしても、無意識のうちに腕組みを解除し、斜に構えただらしない姿勢を正すことがある。真摯な救命にはひねくれた人間の心を洗浄する効果もあるらしい。

このようにガラス張りのオペを見ている飼い主は中から私に見られていることを知らないが、私の眼球が術野に向けられている時も心の目は周囲を把握しているのだ。原理的には濁った水中で獲物を察知する電気ウナギの電磁レーダーのようなものかもしれない。

ある日のことである。いつものように手術をビュンビュン進めていたのだが、途中から突然ペースがスローになってしまう現象が発生した。そればかりか麻酔のバイタルモニターの数値まで乱れてしまい〝ザ・俺の世界〟が崩壊するのを感じた。

ナンダその世界は？　と思うかもしれないが、簡単にいえば、ここは自分の思い通りになる空間であり、たとえば腫瘍摘出の際にやっと辿り着いた敵のラスボスたる栄養血管と一騎打ちするまさにその時、下っ端である小血管が出血を始めても「オマエは止まっていろ」の一言で止血が可能な奇跡の場だ。

それは私の闘志に満ちた精神が己の命を燃やしてつくり出す異世界なのだ。しかし今、なぜか腕が重くてスピードが出せない……。その時助手たちの声が響く。

「心拍低下、呼吸停止、二酸化炭素上昇、人工呼吸器作動」

「おい何だよ、どうなっちゃったんだ」

焦る私はガラスの外を見てハッ！　となった。なぜ今まで気が付かなかったのだろう。手術を見守る飼い主の中年女性が額を汗の粒まみれにしながら、白目を剝《む》き、口を半開きにして手の平をこちらに向けて、谷啓の〝ガチョーン〟みたいな動作をしていたのである。私は助手に指示した。

「オペルーム内線から看護師長に連絡して、あの人のガチョーンを止めさせろ！」

手術は無事に終わり、さっきのは一体何かと彼女に問うと、「手術の途中で光る何かが降りてきて先生の身体に入っていくのが見えたので、それを応援するために祈ったのよ」などと言う。

「何だか知らないけど、すっごく迷惑でしたが！」

「あらそう、私ね、念力が使えるの。だから宝くじで生活してるのよ。念じれば必ず10万円当たるの。先生のも買っておいたわよ」

「あ、どうもです……」

折角なので私はくじを一枚受け取った。後日当選発表の日、念のため新聞を見ると……本当に10万円当たっていたのだった……。

セバスチャンの強化服姿

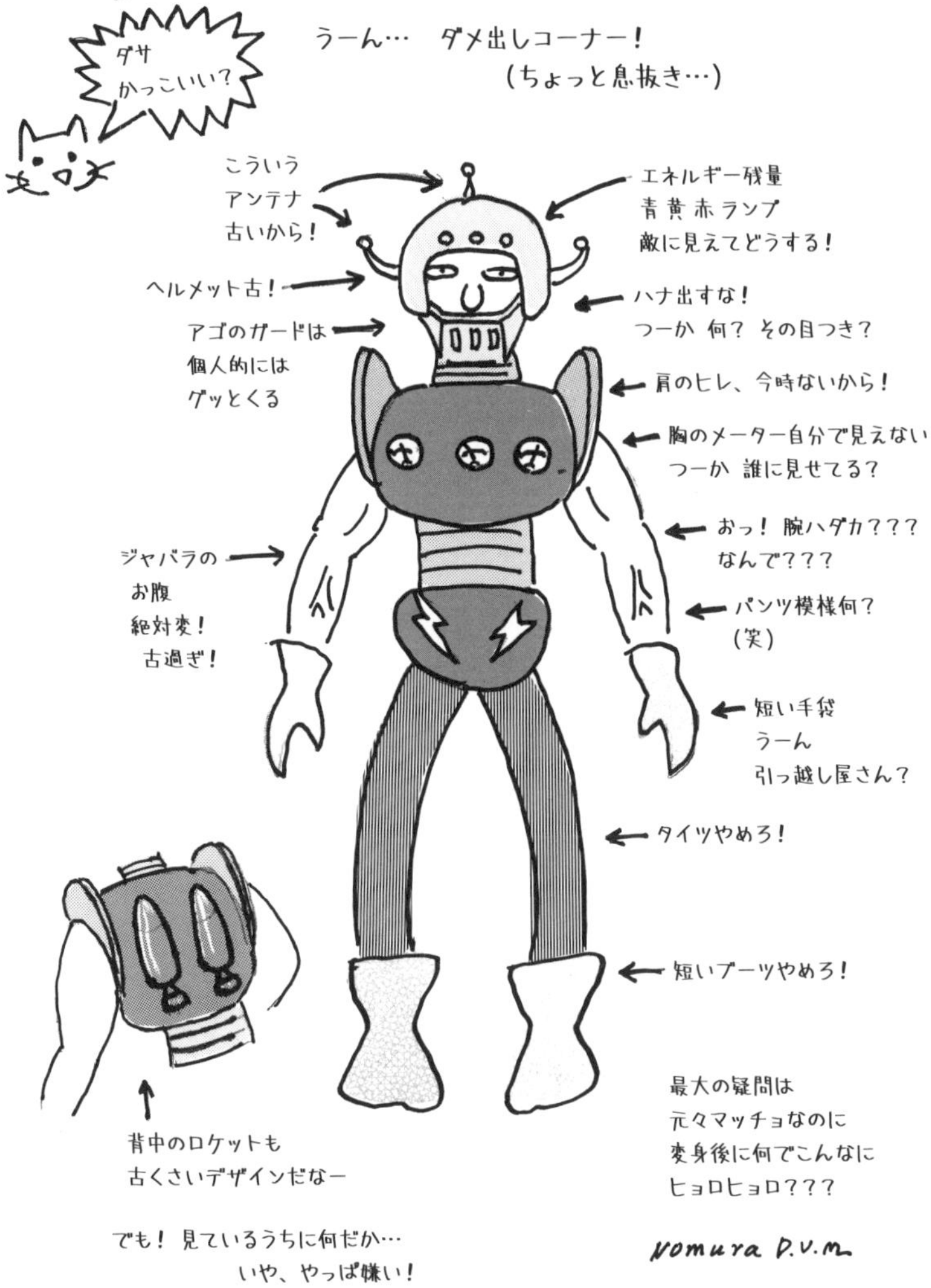

ドーベルマンズ［前編］

ドーベルマン・ピンシェルは今から200年前のドイツで、税務署の集金人であるフリードリッヒ・ルイス・ドーベルマン氏が〝立腹した納税者たち〟から身を守るため、様々な犬種をかけ合わせて作出した護身犬である。筋肉質の体躯は俊敏な動作を可能とし、性格は大胆、頭脳は聡明、しかも道で出合う犬には友好的で、小動物を殺す癖もない。そもそも重税に不満を抱く暴徒を鎮圧する際に、体力がなかったり、臆病だったり、機転が利かなかったり、他の犬とのケンカに夢中になったり、猫を追いかけまわしたりしていたら仕事にならない。

世間一般にはドーベルマンは獰猛だという固定観念が根強いが、前述のとおり平常時は知的で洗練された良き伴侶犬であり〝好ましくない動物性〟はマダムの抱いている小型犬よりも希薄かもしれない。

ただしここが重要なのだが、自分が〝尊敬している主人〟にのみ忠実で、ダメな飼い主や他人には冷淡なところがある。もちろん愛する〝正常な飼い主〟に対して、怒りの形相の男が明らかな敵意を示し得物を振りかざした瞬間には、何のためらいもなく迎撃する。この犬種には、いざという時にのみスラリと鞘から滑り出る〝刀剣〟のごときメリハリと、存在理由に忠実であるが故の怖さがある。

これらの性能は高く評価され、世界中の警察や軍隊で使役犬として認められてきた。しかしながら家庭犬としては決しておお勧めできる犬種ではない。犬の特性を全て10倍にしたようなドーベルマンは飼い主にも10倍の情熱を持つことを強いるのだ。

たとえば一家に一台の自家用車を選ぶ場合、維持しやすく、手間がかからず、万能的に使用できる無難な車種が候補になると思う。何においても凝り性で好事家な私の歴代の愛車は常にランボルギーニだが、あろうことか私はこれを普段の買い物などにも使用している。

超高速に特化したスーパーカーを元々の使用目的から大きく外れた目的で使えば、非常に不便で何かと困り果てることが多いのは想像できると思う。そしてそれらをカバーする知識と技術と情熱がなければ、悲惨な大事故を招くことになる。突出した何かを求めれば相応の努力が要求されるのは、当然の理なのである。これはドーベルマンにも当てはまる。

育てるのも教育するのも暮らすのも、一般的な犬のそれとは別次元の様々な苦行を受け入れなければならない。この犬種は程度の差こそあれ神経質で興奮しやすく、暴走すれば容易に制御を失うし、飼い主が愛と誠に満ちた正義の人でなければ、尊敬しないどころか軽蔑し自律して狂犬になる可能性がある両刃の剣だ。覚悟を持ち次々と課せられる困難を〝最後の別れの瞬間までともに乗り越え続ける〟、それができた者だけがこの犬種の素晴らしさを知るのだと思う。数ある〝ファッションでは絶対無理な犬種〟の最右翼と断言したい。

そんなドーベルマンを念願叶って最初に迎えたのは20代前半の頃だった。大学院の進級試験を通過し、社会人になるまであと2年という時に「育てる時間的余裕は今しかない」と意を決したのだった。ミカン箱に入れられて届いた小さな雌の仔犬に私はリーラと名付けた。私を育ててくれた第二の母は雑種犬のリリーだったため、彼女に敬意を表して女の子の名前は花の名にすることに決めていた。

今思えばリーラは全てにおいてバランスが良い犬だった。まるで犬の神様のような存在が、ドーベルマン初心者の私にゆっくりと付き合い方を教えるために引き合わせてくれたような……とにかく利口で優しい犬だった。当時の私は若さゆえ人生経験が浅く、すなわち無知なくせに根拠不明の自信だけがあり、たぶん今に比べれば思いやりもなかった。

そんな馬鹿な私だったが、それでもその時の最高の努力でリーラを一生懸命に育てたつもりだった。どこに行くにも一緒で大学にも同伴し、クルマの助手席にはいつもリーラが座っていた。警察犬協会の公認訓練所にも入れて、訓練試験にも合格させた。コンクールに出す場合、上位入賞するためにはこの学歴は必須だった。また将来子供を産んだ時に、仔犬たちが不幸にならないためでもあった。血統書に訓練試験の合格記載がある母親が産んだ仔犬たちは格上とされたのだ。

ドーベルマンは絶対的忠実であること。それをこの犬種の美徳と信じこんでいた私は毎日訓練の復習をした。「トべ」で板壁を越えさせたり「サガセ」でターゲットのニオイを追わせたりした。それはまるで遠隔操作で動くロボットのようだったから、私は自分が優秀なのだと勘違いして得意になっていた。

ある日大学の構内で彼女を犬笛で呼んだ時、コの字形の建物に音が乱反射したらしく、リーラは逆方向に向かって走り行方不明になってしまった。目撃証言によると彼女は一日中大学構内で私を探していたらしい。自分を置いて私がいなくなるはずはないと信じていたのだ。それに対して私がリーラを探し回ったのは街中だった……。そんな私を見つけた時、痛めた足を引きずりながらリーラは大喜びしてくれた。

時が過ぎた。大学を卒業した後、修業を経て開業し数年経った。リーラは老犬になっていた。ドーベルマンの寿命は10年前後と他の大型犬種よりもやや短い。とうとうやってきた別れの日、リーラはいつものように決められた言いつけを守ろうとした。そしてこの世から去る瞬間まで私の命令を待った。それがひどく悲しかった。私は命じた。

「リーラ、最後の命令だ！　死ぬな！」

もちろんそんなことは彼女がいくら忠実な犬でも無理だった。ここで私はやっと気が付いた。不完全で欠点だらけの私が10年程度しか生きられない犬に完璧さを求め続けたこの愚かさ加減！ダメな自分のことを棚に上げて犬に多くを望んだ野村潤一郎、お前はどんだけエラいんだよ。ああだこうだと犬に言うことを聞かせて、お前自身はどうなんだ？　これでよかったのか？　言ってみろこの大馬鹿者！　唯一の救いは〝貧乏暇あり〟の時代だったから一緒に過ごす時間が長かったことだろうか。今思い出すのは三沢海岸の一日。誰もいない秋の砂浜で自由に遊ばせた。ドッグフードを忘れてきた私は仕方なく売店でハンバーガーを2個買い、リーラと二人で食べたっけ。

「美味しいですね！　楽しいですね！　おとうさん」

海を見ているリーラの嬉しそうな横顔を今でもはっきりと覚えている。リーラ、口うるさい教育パパですまなかった。いつか再び会った時はずっとずっといつまでも海で遊ぼう。

2代目のドーベルマンは広島のお金持ちの家で生まれ、両親と優しい飼い主に見守られながら育ったまん丸のおはぎのような子供だった。

現地に出向いて家を訪ね、犬を養子に迎えて親戚になる約束をした。いよいよ親犬から離す日が来た。暮らし向きが良くなっていた私は、メルセデス製の風呂場とトイレまで完備している巨大なキャンピングカーを走らせ、羽田飛行場を目指した。仔犬がウンチで汚れていた場合すぐに洗おうと思ったのだ。

あの日、リーラがいなくなってぽっかりと穴が開いてしまった私の心に、小さな仔犬がやってきてふたをした。リーラのいなくなった穴は大きかったからまだスカスカだったが幸せを感じた。かわいいおはぎに私はビオラと名付けた。巨大なクルマは陽炎が揺れるアスファルトの道をゆっくりと進んだ。

当時の病院はまだ小さくて、私は少し離れた自宅から出勤していた。リーラの四十九日が過ぎるまでビオラを自宅に連れていくのは気が引けたので、しばらくは病院で寝てもらうことにした。

ビオラは私が新しい家族だとわかっていたから、仕事が終わって帰宅の支度をすると不思議そうに見つめていたが、なかなかに強い子で、キャンキャンと泣き叫ぶこともなく、じっと我慢の子であった。しかしある晩にかわいそうになり、とうとう私は大荷物を抱えてビオラのいる病院に戻り、一緒に寝るべく床に布団を敷いて寝転んだのだった。ビオラは「あれっ?」という顔をしたが、すぐに理解して大喜びで走ってきた。お尻ごと尾を振りヨチヨチと走って来るおはぎ。

「とーたま!」

残りあと3メートル。フリフリとヨチヨチの見事なシンクロは電池で動くオモチャの犬のようだ。残り1メートル。ここで感極まった仔犬はもう一つの動く場所を始動させた。カミカミカミ……。

「あっ!」

もう間に合わなかった。ビオラは私の右のまぶたに咬みついたまま一回転して転んだのだった。仔犬は手加減を知らず、その乳歯は鋭い。ほとばしる血と激痛。目を閉じても景色が見える。私のまぶたには穴が開いていた。

自宅においてもビオラは先代を失って悲しんでいる私の事情なんか知ったことではなく、お構いなしに仔犬のヤンチャを繰り返した。こちらとしては再び教育パパになって後悔したくなかったので、もう甘やかし放題だった。「好きにしてよし！」

念願だった自宅兼の最初の病院ビル、通称「ブラックVビル」が建った時、私はクルマのドアを開けて今まで住んでいた家に向かって大きく叫んだ。

「リーラ来い！」

生真面目なリーラは命令しないといつまでもそこにとどまってしまう気がしたのだ。もちろん膝の上にはビオラがいる。新築のカッコいい建物をさぞかしこの子はめちゃめちゃにすることだろうと思ったが、予想に反して大したことはなかった。その代わりに食欲が旺盛でウンチが多く、どんどん大きくなって女の子なのに体重は50キロを超えた。筋骨逞しく、頭も大きく腕も太く、背が低いのに横幅があった。

犬の笑顔を初めてはっきりと経験したのはまさにこの子だった。喜びが頂点に達すると耳を伏せて目を細め、鼻にシワを寄せて歯をむき出しにし、フガフガと鼻を鳴らす。知らない人が見たら襲われると思って恐怖を感じるかもしれない。

ある日のことである。「とうさまより少し先を歩きます」と言うのでそのようにすると、前から来る人たちが一様に大きく避けることに気が付いた。この子はゴツいからみんな怖がっているのかなと思って「ビオラ」と呼べば、いつものように可愛いお顔で振り向いて「なんでしょう」と答える。「こんな犬を怖がる人のほうがどうかしてるな」と私。

ところが、喫茶店のガラスに映った我が子の顔を見て驚いた。顔をしかめ牙とベロを出し、その目は渦を巻いてまるで闘犬の様相だ。「とうさまが通るけぇ、どけちゃって！」と少し荒く聞こえる広島弁で言っているようだ。しかし「ビオラ」と呼べば「はい？」と可愛い顔に戻る。そうこうしているうちに知り合いのおばさんが来て声をかけた。

「ビオラちゃん」

我が子は「はい」と答えた、多分可愛い顔で。がその直後に「ビオラ」と私が呼んだところ、振り向いた彼女は、「どけちゃって！」の怖い顔だった。どうやらリズムを間違えちゃったらしい。

ドーベルマンズ［後編］

3代目のドーベルマンは群馬県からやってきた。

数ある警察犬協会所属の犬舎の中でも、このベテラン繁殖家の作出する犬は昔から特に鋭いタイプの個体が多い。仔犬を受け取りに行った時に見た少し短気そうな母犬は、太い鉄格子の檻の中から我が子が1匹ずつ貰われていくのをぎりぎりの線で許容している様子だった。

私は敢えて一番シャイで扱いが難しそうな子を選んだ。こういう子は感受性が高く、普通の家庭では制御不能になるが、私は極上の愛の力で利口な伴侶犬に育てる自信があった。

母犬は激しい葛藤の中で、コンクリートの床を大きな牙でかじりながら言った。

「ウウウッ！　その子をお選びですか……ウウウッ！　可愛がってくださいね。大切にしてやってくださいよ……」

「大丈夫、まかせてください」

母親は安心したらしく牙をしまった。仔犬を乗せた私の真紅のスーパーカーは関越道を稲妻のように疾走して帰途についた。3代目の仔犬を迎えたものの、ビオラを失った悲しみはやはり深く、幸せな犬との生活の後に必ず訪れる、辛い別れのシステムに怒りを感じていたのだ。私は心の中で叫んだ。

「何度も何度も何度も！　神もホトケもあるものか。俺を止められるものなら止めてみろ」

如何なる時でも男は泣いてはいけないが、犬との別れは涙がこぼれる。恥ずかしい男の涙をごまかす唯一の突破口は怒りだ。

私は仔犬にイリスと名付けた。もうお気付きだと思うが、私の歴代の雌犬の名は全て花の名だ。額に汗を心に花を。戦うように働くイヌバカ男の荒ぶる心を潤すのは、常に愛犬の花なのである。


さて、この頃の私は芸能関係の仕事が非常に多かった。「テレビをつければ野村がいる」とさえ言われた。本業との二足のわらじは想像を絶するほどの睡眠不足を招いたが体力には余裕があった。そしてまだ40代前半と若かった私は純真だったから〝どんなことでも全力で頑張れば報われる〟と信じていた……。だから雑誌の取材も講演会もテレビ出演も依頼されれば何でもやった。

昼の番組はレギュラーだったし、歌って踊ることもあった。クイズのリーグ戦も準レギュラーだった。有名ドキュメンタリーの主役にもなった。様々な番組から毎日のようにオファーがあった。それまで地味で底辺とされた獣医師という職業にスポットライトが当たれば、優秀な人材が動物業界に流入するようになり、動物たちの幸せにつながると思い込んでいた。しかし、私が愛し信頼していた人間のみなさんの反応は好ましいものばかりではなかった。

今でこそ法が整備されつつあるが、当時はインターネット黎明期であり〝正体を隠した便所の落書き〟により7年以上もリンチを受けた。有名になればなるほど質の悪い患者も目立つようになった。患者が10万人に増えれば、どこにでもいる5パーセントの変な人の数は5000人になる。信頼していた人物たちが次々と私を騙した。被害総額は2億円になった。精神を病んだストーカーまで現れて5年間も私を苦しめた。とどめは視聴者が25万人のサンデーバラエティだった。

番組の〝ファミリー〟だった私は多忙のためにビデオ出演が多かったが、娯楽番組の性格上「スーパーカーに乗って現れ、動物の疑問を解決して去る」というスタイルが定番だった。それを見た〝たまたま虫の居所が悪かった大物女優〟が1時間にわたって私を罵り、その結果、87歳まで働いて借金を返す予定の新しい大病院は閑古鳥が鳴いた。

このアクシデントに対し、テレビ局は「訴訟をするなら干す」と私を脅迫した。正に渡る世間は鬼ばかりだった。私はもう限界だった。この世にいてはいけない存在なのだと思い、毎晩頭から袋をかぶって震えた。私は死ぬ決心をした。

深夜の東名を最後の場所を求めて走った。その時、母親の言葉を思い出した。

「死ぬ時は身体を清潔にして、ご飯を食べてからにしなさい」

気が付くと、霧がたちこめるどこかの町の銭湯の前にいた。身体を洗って湯船に浸かった。同席した浴客たちが全員背中を向けて顔を見せないのが奇妙だったが、そうこうしているうちに腹が鳴った。銭湯を出ると目の前に蕎麦屋があった。

「ああ、先生いらっしゃい」

狸のような顔の夫婦が出迎えた。店内には深夜2時半だというのに3組のカップルがいた。私の地獄耳は彼らが〝楽しそうに話しているフリ〟をしているだけで、実はこちらを観察していることをつきとめた。よく見るとこの6人は狐のような顔をしていた。死ぬ前は奇妙な世界に足を踏み入れるものなんだなと思いながらお代を支払って外に出ると、女将さんが追いかけてきて「これはお土産だから家で娘さんと食べてね」と油揚げの包みを渡してきた。

「娘なんかいませんよ」と言うと「あら、いるでしょうよ。黒い顔した女の赤ちゃんが」と返した。

「ああ、すっかり忘れていた。私が死んだらイリスはどうなる！　帰らないと。イリスの待つ我が家へ！」

なぜイリスのことを知っているのだろう。その時私は正気に戻った。

とにかく風呂に入って腹いっぱい食べたら元気が出た。

「死ぬのはやめた！」

霧を抜けると不思議なことに所沢インターが見えた。東名を走っていたはずなのだが夢だったのかと助手席を見ると、油揚げの包みが揺れていた……。

まあそんな不思議な話はどうでもいいのだが、とにかくこのような最悪の時代を私と一緒に暮らすイリスはかわいそうだった。彼女は仔犬の頃から常に私を守ろうとしたのである。

「お前もか！　お前も！　お前も！　おとうさまを苛める気なのか！」

だから誰も私に近づけなかった。

「おとうさまはね、私のおとうさまの心はね、いつも泣いているんだ！」

かわいいかわいいイリス。裏表なく私を愛してくれるこの存在があったからこそ困難を乗り越えることができた。私の精神は鉄のように強くなった。今となってはいい思い出だ。何であんなくだらないことで悩んだのだろうと恥ずかしく思う。最近は良い人たちばかりに囲まれて幸せだ。

イリスは短命だった。歴代の子供たちと同じく私の腕に抱かれてたった6年の生涯を閉じた。「おとうさま、私がいなくなっても元気でいてね」そう言いながら旅立った。

4代目のドーベルマンは初の男の子だった。船橋の名門警察犬訓練所で生まれたガッチリした体格の仔犬は、イスラエルの最高峰の犬の血を引いていた。超一流の老訓練士が言った。

「行く前に母親と散歩させてやってください」

優しそうな母犬と骨太の仔犬は暖かい日差しの下、チョウチョが飛びかう小道を歩いて幸せそうだった。その後、母犬は私の真正面に座り、穏やかな顔で言った。

「私たち犬族は、産んだ子供を新しい飼い主に託すのが慣わしです。どうか可愛がってくださいね」

「もちろんですよ。お母さん安心して」

「仔犬ちゃん、お坊ちゃまになっちゃったね」

私の巨大な黒塗りのマセラティのリアシートに座った仔犬を見て、老訓練士がそうつぶやいた。

先代のイリスには何かと心配をかけた。彼女がいなくなり、誰にも見られぬように泣きあかした私は血の涙が出ることを知った。今度こそ後で後悔しないよう愛犬のために今まで以上の努力をしようと思った。道中、仔犬は「さらわれた」と思ったらしく神妙な顔つきになった。信号待ちで振り返ると「ひぃっ」となって、小さなオチンチンからオシッコを漏らした。

「ああ、そうか、今回はオスだったっけ。オスかぁ……」

私は仔犬にオスカーと名付けた。

故郷から離れた家に貰われてきた仔犬の不安を取り除くために、40畳の自宅の居間には床を埋め尽くすほどの新品のオモチャを積み上げておいた。オスカーはそれを見ると「うわぁ」と喜んで駆け寄ったが、エレベーターが閉まると「しまった」という顔をして扉に張り付いた。オスカーはのんびりした性格で頭が良かったので、すぐに自分の置かれた状況を理解した。私を「とうちゃん！」と呼ぶようになるのに時間はかからなかった。

オスカーにはいつも上等な服を着せた。これは防寒、防汚、防傷の意味があるが、犬をよく知らない人たちを怖がらせないためでもある。道行く人たちが「怖い」と恐れると怖い犬になるし、逆に「かわいい」と褒めればかわいい犬になるのだ。

たとえば冬場はざっくりとした手編みのフィッシャーマンズセーターと、バーバリーのコートにエルメスの首輪といういで立ちだ。どんどん大きくなるから1か月で着られなくなるが、洋服ダンスがいっぱいになるくらい服を買い、ルイ・ヴィトンなどの高級首輪のセットは100本くらいあった。

オスカーは犬に対しても友好的で、誰とでも仲良くなった。変わっているなと思ったのは遊び方で、とにかく「お相撲」が好きだった。驚いたのは死闘のプロともいえる犬、ピットブルにお相撲を申し込んだ時だった。

「ねえねえ、おちゅもうとろう！　はっきょーい、のこったのこった！」

さすがのファイターも悪意のないスポーツマンシップに圧倒されて、目が点になりながら応じていた。2頭共に後ろ足で立ち上がり、両手でがっぷりと組み合って「のこったのこった」と押し合ったのである。

散歩中に知り合った〝3か月年上〟のアイリッシュセッターのおみちゃんという子は、生涯の親友となって「のこった」に付き合ってくれた。

ある日オスカーは言った。

「とうちゃん、やせっぽちだな。おいらがおとなになったらもちあがるのかい？」

たしかに強い心だけでは男は生きていけない。

「よしわかった。とうちゃんも頑張るよ」

私はガチで有名なボディビルジムに通い始めた。ストイックな性格と苦痛に対する耐性が元々筋肉質だった身体を変身させた。オスカーと共に鍛錬の毎日が始まって5年が過ぎ筋肉25キロ増えて体重が85キロになった頃、オスカーも成熟して57キロの成犬になった。

「オスカー、我々は最強の親子だ」

「とうちゃん、おいらたちは、かっこいいせいぎのみかただぜ！」

裸になって二人で立つと、プロレスラーとその相棒の闘犬にしか見えなかった。

あっという間に10年が過ぎて、また悲しい別れが来た。

「とうちゃん、たのしかったぜ、またな！」

目を腫らしながらオスカーのオモチャを箱に片付けた翌朝、居間の扉を開けると目の前にクマの人形が置いてあった。昨夜から誰も部屋には入っていなかった。

「とうちゃん、これもだろ、おいといたよ」

オスカーの声が聞こえた。いつも明るく前向きなオスカーはそういう子だった。

今いる5代目のドーベルマンはまた男の子だ。名前はビクターと名付けた。まだ若いので別れの日の心配はない。まだ育成中だ。過去最高に大きな身体なので、負けぬように肉体の鍛錬も15年目にして続行している。ビクターについてはまた別の機会に紹介したいと思う。

私は常に犬たちと生き、助けられてきた。たしかに別れの時は辛いが、楽しい思い出のほうが勝るから「もう犬は飼わない」とは決してならない。もしも天国が犬のいない世界だったとしたら、私は私が死んだ時、天国ではなく犬たちが待っている場所に行きたい。

Nomura D.V.M

病院の不思議・獣医師編

中年女性の新患の飼い主が言った。「○○先生が野村先生に技術を教えたのは自分だと言っていましたが、本当ですか？」

「いいえ、そんな名前の人は知りませんが……」

そう答えながら色々と考えたが、知らないものは知らない、もしかしたら母校の教授が養子に出て名前が変わり、さらに脱サラ開業でもしたのかな、と無理矢理な想像をしてみたが可能性は低い。私はあまり気にしなかった。しかし数日後、別の新患の飼い主がまた妙なことを言う。

「○○先生とはご親友で、落第生の野村先生はだいぶ彼に助けてもらったそうですね」

「ええと……私は勉強はできるほうでしたよ。○○という名の友人もいません」

今度は大先生ではなく友人？　○○とは一体誰なのだろう。さらに別の日、やはり新患さんが、「野村先生は誰も診られない動物を流行らせて、専売的に治療する商売人だと○○先生が言ってました」

と何だか複雑な感じの情報を提供してきた。

「へえ……それって上手くいくもんなんですかね？」

私はちょっと笑ってしまった。それからは正体不明の○○先生は創作をどんどんエスカレートさせ、しまいにはまるでスポーツ新聞ばりの変な〝野村ニュース〟の発信源となった。

「金持ちには媚びへつらい、貧乏人にはタメ口」「テレビ局に工作員を潜り込ませ仕事を得ている」「裏の顔は半グレ集団を率いるホストの親分」「覆面かぶって闇試合に出て逮捕されたことがある」「怒ると本物の機関銃を乱射する」……もう何でもアリ！　となり、あまりの荒唐無稽さに今度はどんなだよ！　とワクワクしてしまう自分がいた。これらを聞いた人は、まあ野村だったらあり得るかなと思ったりするのだろう。派手な顔は生まれつきだから仕方がないが、素行にはよりいっそう注意を払おうと思った。

よた話なら笑いごとで済む。しかし○○先生はとうとう私を最も怒らせる過ちを犯した。その病院から転院してきたかわいそうな犬は〝過剰診断〟と〝過剰診療〟で心も身体もズタズタになっていた。腹には意味不明の乱雑な手術跡がいくつもあり、背中の皮膚は壊死《えし》していた。たぶん注射の失敗だと思うが、犬はそのままの状態で長く過ごしたらしく、酷い感染症まで起こしていた。

「言うことだけでなく、やることもいいかげんなんだな……」

ある晩、私は使命感から抜き打ち的に○○先生の病院を訪ねることにした。科学的に彼をよく観察し、考察した後に、因果を応報するかどうかを判断したかった。もちろん普段の私は意外と常識人なので、工作員と半グレを率い、覆面姿で機関銃を撃ったりはしない。

件《くだん》の病院に到着した。併設されたトリミングルームで片付けをしていた少しトッポく見える金髪のトリマーさんが、ランボルギーニから降りる私を見て青い顔になった。私は口に指を当て、「しーっ」とやって彼女の動きを制止した。ヤンキーメイクの女の子は恐ろしいものを目撃したような顔をして、「うちの先生はアッチ」と指で示した。どうやら彼女は私が現れた理由を理解しているようだ。

私は風のように素早く病院内に移動すると音もなく探索し、〝創作ニュース大先生〟らしき男の背後に立った。しばらくして魔物の存在に気が付いた彼は、死んだヒヒのような顔で驚愕し、意外な内容の第一声を血を吐くような声で叫んだ。

「そ、尊敬してます！」

そして彼は書棚から私の著書数冊を取り出し、震えながら小さく言った。

「サインをお願いできますか……」

大ファンが高じるとアンチになると言われているが、これがそうなのだろうか。私は本を受け取り、愛用の紫インクの万年筆でサラサラとイラスト入りのサインをしたためた。私のサインのイラストの絵面はその都度違うが、今回はサルを咬み殺すドーベルマンを描いた。そして相手の眼をしっかりと見つめ、初めて口を開いた。

「お前、ダメじゃん！」

彼は全面降伏して謝罪した。

「すみませんでした！」

その素直な態度に私は溜飲を下げた。そしてこれを機に短期間ではあったが、私と彼の奇妙な交流が続くことになる。


ある晩のことである。飛行場に用事のあった私は、道中にある彼の病院に立ち寄ってトイレを借りた。その時彼は必死の形相で猫の避妊手術をしていた。邪魔しないように早々に立ち去ったが、帰り道にまだ電気がついていたので再び覗いたところ、まだ手術の真っ最中だった。

「頑張るねえ……それは何頭目？」

と問うと、1頭目だと言う。

「あれから3時間もお腹をかき回していたのか？」と驚いて聞くと、「子宮が見つからないんです」

と返した。

「そこに見えてるじゃん」

「え……これですか？」

「そうだよ、発情してるから大きくなってんだよ」

「知らなかった……」

「ヘッポコか？」

「全摘出は初めてなんです」

「いつもはどうしてた？」

「卵巣の血管を結紮《けっさつ》するだけで閉じていました」

「卵巣を壊死させるわけ？　苦痛に悶絶して死ぬかもしれないよ」と私。

それに対して彼は「飼い主はあちこちの病院に電話をかけて安いところを選ぶので、うちの設定している料金では手抜きをしないとやっていけません……」などと言う。なんということだろう。気持ちはわかるが、動物たちには何の罪もないのだ。

「ところで君のお師匠は誰？」と聞くと、「いません。大学を出てから代診に行かずに参考書で学びました……」とのことだった。

「じゃあHPにあったナントカ国の王室付属病院で勤務したとかいうのもウソなのか？」

「……」

私は呆れ果てた。そうこうするうちに急患がやってきた。部屋の隅からお手並み拝見といこう。

その犬はくしゃみを連発していた。遠くから見た感じでは、犬歯の慢性の歯槽膿漏が悪化して、強い鼻腔炎を招いている様子だった。しかし彼は診察も診断もせずに「今日はどうしました?」などと問診的なことを言いながら、早々と注射器の中に薬液を充塡し始めた……。これはつまりどんな病気が来ても1種類の抗生物質だけを使うということだ。

彼が犬に注射を打つ時、私は目を疑った。何とヘッポコは〝自分の左手の甲〟に針を刺してしまったのだ。「あ！　やったな」と思った瞬間、彼はそのまま注射器の内筒を押して、「ウッ……」と小さく呻きながら全部自分の手に注入してしまった。飼い主は何も知らずに帰ったが、私は今何を見せられてしまったのか、わけがわからなくなり、こみ上げてくる笑いをこらえるのに必死だった。

「何でそうなるかな……」

「失敗を見られたら客が減ります」

「自分の手に注射するほうが客が減るだろ」

やはりこの男は何か変である。その日、休憩室でヤンキートリマーが小声で言った。

「野村先生聞いてください。この病院はトリミングの時に犬の皮膚をつねって赤くしないと叱られるんです」

「何でそんなことするのさ」と私。

「皮膚の異常を発見したことにして、治療に持ち込むんです」

「嫌なことを聞いちゃったなあ」

「ここを辞めたいので、私を先生のところで雇ってくれませんか？」

「うちは病院一本で勝負してるから、トリミングはやっていないんだよ」

「えー、じゃあ儲からないじゃないですか。先生は見かけによらずストイックですね」

「余計なお世話だね」

「うちの先生なんか無欲を装っているけど、不必要なサプリメントをガンガン売りつけて稼ぎまくってます」

「ばかばかしいね」

「しかもネットで自分の病院を褒めまくってます」

「実にくだらないね」

「ケチだから注射針や縫合糸は洗って再利用してます」

「かんべんしてほしいなあ……」

と、そこにヘッポコ先生が何やら呟きながらやってきた。

「ブツブツ……犬を見たら1万円……猫を見たら5000円と思え……それが獣医……」

「はあっ？　ここにいると頭がおかしくなりそうだ。もう帰る！」

読者の皆さんはここまで読んで、「そんな先生いるわけないよ」と信じないかもしれないが、〝現実は小説より奇なり〟真実である。そしてこんな奴に限って、巷では良心的な料金の、優しい先生と思われていたりする不思議。

インチキによる見せかけの安さは、病院側にとっては大きな利益となるが、その皺寄せはもの言えぬ動物たちの身体にもたらされる。結局、飼い主は無自覚のまま大損をすることになるのだ。


その日の晩も私は用を足すために、ヘッポコの病院に寄った。申し訳ないのだが、何のメリットもない彼の病院に立ち寄る理由はもはやそれしかなかった。

何やら手術室が騒々しい。いつものように無音で移動して中を覗くと、汚い男とヘッポコが口角を泡だらけにして唾を飛ばしながら言い争っていた。男はヘッポコの友人で、どうでもいいような政治についての激論を交わしていたのだった。しかも部屋の空気は酒臭かった。最悪なことに彼らの中央には手術台があり、麻酔がかかったままの猫が横たわっていた。眼を見開いたままピクリとも動かず、呼吸をしていない。

「ヘッポコ！　その猫死んでるぞ！」と叫ぶと、彼の顔から血の気が引いた。

この阿呆はお喋りに夢中になって、たかが去勢手術で猫を死なせたのだ。許せないのは彼の質問だった。

「野村先生はこういう場合、飼い主とドンパチやるのか、謝るのかどっちです？」

それを聞いた私は心底呆れかえって、開いた口がふさがらなかった。彼には他人に羨ましがられる要素は何もない。人間はこういった〝自分より下の存在〟に安堵感を覚えるから彼のような人は〝良い人〟と言われることが多いが、実際はダメな人の場合がほとんどだ。彼はそれを自覚して、自分で自分を軽蔑することに慣れてしまい、常識や良心をなくしていた。しかも動物を全く好きではないから、澄んだ瞳に導かれることもなく行き先も見失っていた。

本当のことを言うと、世間一般の獣医には多かれ少なかれ、似たような部分があると思う。私には理解不能なことだらけだが、それらを全部集めたようなヘッポコの未来に〝幸なかれ！〟とここに願う。私は彼に言った。

「俺はもう二度とここには来ないよ」

ヘッポコは「最後に一緒に写真を撮ってください」と言った。私が渋々首を縦に振ると、彼は嬉々としながらカメラのセルフタイマーを作動させて私の横に並んだ。シャッターが切れるその刹那、こともあろうにヘッポコは私の肩に肘を乗せ、反対の手でピースをしたのである。それはまるで〝猛虎打ち取ったり！〟の記念写真のようだった。

「待合室に飾って客寄せにします」

「いいかげんにしろ！」

最後の最後に、とうとう私の鉄拳が宙を切った。

犬たちの晩餐

大戦から四半世紀が過ぎ、産めよ増やせよ働けよと復興の日々を続けてきた我が日本国は、高度経済成長期の始まりにその手ごたえを感じつつ更なる邁進を続け、１９７０年代初頭の街にはもはや敗戦国の悲愴感は皆無であった。

戦争を知らない子供たちはギターをかき鳴らして歌い、もしくはゲバ棒を振り回してガス抜きに明け暮れるも、最終的には働きバチに身を転じ、会社のために命をかけた。レナウン娘が街を行き交い、スポーツカーがぶっ飛べばミニスカートがひるがえる、オー！　モーレツ！　の勢いがあったこの時代、とうとう動物の世界にも本格的な欧米化の波が押し寄せたのである。

それまで犬の生活といえば忠犬ハチ公のように完全なる放し飼いか、もしくは地面に打ち込まれた杭に鎖で繋がれるのが普通であり、いずれにしても「犬は外、人は内」が当たり前だった。

しかし海外から小型の純血種の輸入が増えると共に室内飼育が一般的になり、当時はこれを座敷犬などと呼ぶようになった。犬たちは和室を駆け回り、ちゃぶ台の横の座布団に座り、夜になれば畳の上に敷いた布団で飼い主と一緒に眠った。

このあたりは今とほぼ同じだが、現代の犬事情と大きく異なっていたのはその食生活で、幸か不幸か犬の食事は人間のそれと同じだった。

「おーい哲也、夕飯はスキヤキだぞ」

「やったね、父ちゃん、明日はホームランだ！」

「わんっ！　わんっ！」

「あらあら、茶々丸もこんなに喜んでるわ」

「わっはっは」

「うっふふふ」

狭いながらも楽しい我が家……ｗｉｔｈ犬。蛍光灯のスイッチの紐も、楽しげに揺れている。当時は人間の食べ物は犬には適さないどころか、毒になる！　とは誰も思っていなかったからどこの家もこんな調子だったが、犬を愛する人たちが「愛犬にもっと良いものを食べさせたい」と考えるのは自然なことだった。

「どうやらアメリカあたりではドッグフードなるモノで犬を育てるらしい」

「それは実に革命的なことであるな！」

愛犬家たちは夢に思いを馳せた。実をいえば１９６０年には協同飼料株式会社より国産初のドッグフードの「ビタワン」が発売されていたが、当初は粉だったり硬いビスケットだったりして〝食べ物的〟ではなかった。そのため、飼い主たちが理解できずあまり一般的ではなかったが、時が過ぎ製品がペレットタイプになり、テレビコマーシャルでE・H・エリックが得意の〝耳ピクピク〟をさせながら「愛犬の栄養食、ビタッ！　ホワンッ！」とやったあたりから爆発的にヒットしたのだった。

販売ルートは専らお米屋さんで、世のお母さんたちは「田中ですけど、いつものお米とビタワンを持ってきてね」と注文したものである。そんな中、愛犬家たちが「美味しそう〜」と飛びついたのはペディグリーの「チャム缶」だった。

「♪僕ちゃんはチャムチャム、ワンちゃんに必要な栄養がいっぱ〜い、チャムミーティフードチャム、新発売チャムチャム♪」

そんなCMソングにつられて、まだ小学校低学年だった私は当時の愛犬リリー号に食べさせてやりたくなり、一日30円の小遣いを1週間分貯めて錦糸町駅ビルの犬屋さんの錦糸苑に向かったのだった。この店は別フロアーに熱帯魚のコーナーもあり、高校生のお兄さんのアルバイトがいたが、その人こそ今でも動物好きのズィ・アルフィーの坂崎幸之助さんだった。ハナタレ小僧だった私は買いもしないのに水生昆虫のケースをいじくりまわして、脳天にゲンコツを喰らった覚えがあるのだが、記憶が曖昧ではっきりしない。

かくして手に入れた最先端のドッグフードは輝いて見えた。外装を舐めるように観察する私。当時のチャム缶はオレンジ色のラベルで、ヘタッピな犬の顔のイラストが印刷してあった。説明文を読むとなんたることか、「これだけでは犬は育ちません、〝残飯〟を足して与えてください」と書いてあった。私はぎゃふん！　となった。

何にしても黎明期はこんなものである。現在では両社とも長い歴史に基づいた素晴らしい製品を供給していることを付け加えておきたい。

今年で愛犬生活56年目の私の犬人生は、今日に至るまで理想の愛犬食を追求する旅でもあった。一応は科学者のはしくれなので、栄養のバランスを十分に考慮する頭脳はある。実際に私の育ててきた歴代のドーベルマンたちは平均よりも最大40パーセントも大きく育っているのだ。

食事管理についてここで一つの例を示したい。

カエルに冷凍の子ネズミを丸ごと与えると非常に立派に育つが、鳥のササミだけを与えていると目玉が飛び出し背骨が曲がって死ぬ。前者は全体食、つまり皮膚、筋肉、骨、内臓が全て含まれる食事だが、後者は筋肉のみであり、この栄養の偏りが身体を蝕んだ結果である。身体の構造が単純なカエルのような生き物ほど病気になった時の症状が顕著でわかりやすい。

それに対して複雑な身体を持つ皆さんの愛犬は、不適切な食事を与え続けていた場合、致命的な症状が出るまで異常が発覚しにくいと覚えておいてほしい。たとえていうならば、部品がせいぜい20くらいで構成されている万年筆の一部が壊れたら使えなくなるのは想像に難《かた》くないが、部品点数が3万点にも及ぶ自動車の故障は気が付かないうちに水面下で進み、症状が出た時には廃車になってしまうことがあるのと同じだ。

とある奥さんが言った。

「うちの子は高級な牛肉とキャベツを茹でたものをあげているので栄養満点です」

こういう飼い主は非常に多い。

「栄養成分の割合からすれば論外ですね」

「でも何かの動物の体を丸ごとなんて無理です」

「だからドッグフードがあるわけです」

「フードには添加物がたくさん入っているから心配です」

栄養バランスを理解すると次に添加物の心配。これはお決まりのパターンだが、私はいつもこう言っている。

「必要だから最小限の範囲で入ってるんですよ」

「わかりました。じゃあ私は栄養バランスが良く、無添加のフードを探すことにします」

「半分わかっていないみたいですね」

かくしてこの飼い主が見つけたのは、科学者でも栄養士でもない普通の人がフィーリングで作った手作りフードの量り売りだった。

しばらくして犬は調子を崩してやってきた。黄疸が出て、血液を検査するとGPTの値が2000を超えている。

「念のために奥さんが犬にあげてるフードを顕微鏡で覗いたら、カビの胞子まみれでしたよ」

「天然素材100パーセントなのにどうして！」

「そもそも無添加食品は管理がシビアなんですよ」

数ある食品添加物の中でも、着色剤や漂白剤、光沢剤、香料などは、見てくれやニオイを気にしなければ無用と思うが、保存料や酸化防止剤、そして防カビ剤に関しては販売者や購入者が「不潔な取り扱い」や「数日以上にわたる使用」をする以上、全く無しにするわけにはいかないのが実情だ。また、一部の飼い主さんたちは「アレルギー」「ストレス」「無添加」「○○フリー」などの〝魔法の言葉〟に弱い傾向があるが、実はそれらの厳密な定義は専門家でも難しい。

特にアレルギーに関しては、検査をすればたくさんの品目の偽陽性反応が出るにもかかわらず、実際には何の臨床症状も認めない場合が多い。今までに「これは本物の牛肉アレルギーである」と私が確認できたのはたったの2例だった。ある奥さんはネットで評判の「低アレルゲンフード」を愛用していたが、高級市販品の4倍の価格に私は驚いた。

「とっても高いけれど、知る人ぞ知る良いモノなんです」と言う。

「もしかしたら、インチキなオッサンが自分で高評価を書き込んでるのかもしれませんよ」

「先生はひねくれものね」

「色々と経験しているから用心深いだけです」

実はこれは〝大当たり〟だった。奥さんがはるばる通販の住所を訪ね、直販してもらおうとしたところ、古いマンションの廊下には外国製の得体の知れない何かの家畜用のエサ袋が積み上げてあり、戸が開けっ放しの汚い部屋で、ステテコ姿の薄汚れたオヤジが汗だくになってオシャレな袋に詰め替えているのを目撃したというのだ。しかも素手で！

奥さん曰く「フードを買いたいと伝えたところ、『見たな～、何で来たあ！』と言いながら外まで追いかけてきたんです。転んで擦りむいた傷がコレです……」

〝一般には知られていない隠れ家的な名店〟みたいなものに魅力を感じるのは人の性なのかもしれないが、その正体は大体こんなものである。ついでに言うと、「癌に効く」「食糞が直る」「涙ヤケが治る」「歯石が落ちる」等の商品も怪しいものが多いので気を付けていただきたい。

自分でどうこうしようとせずに、主治医に相談するほうが確実だし、安上がりだと思う。もっとも先生がそれらを勧めてきたら元も子もないが。

さて、では犬に与える食事はいったい何がベストなのだろうか。先にも書いた通り長い愛犬生活の中、その答えを見つける旅をして私は色々なことを知った。様々なドッグフードを使ってきてどれもがそれなりに良かったものの、もっと優れた食事があるはずだと、調査、検討、検証を繰り返してきた。

数十頭の立派な土佐犬を育成している愛好家が、養豚場から出るブタの生の内臓を犬に与えていたのは驚いたが、獣医学的には寄生虫が心配だった。牧場直送の加熱処理をした牛の内臓のミンチを使用して良好だったこともあったが、ある日異物を発見し、それは錆びた金属だったので使用をやめた。牛は柵などに使われる釘などの鉄製品を飲み込む癖があるのだ。

手作りご飯を中心にしたこともあった。馬肉を茹でて適量の炭水化物と野菜を混ぜ、カルシウム剤と総合ビタミン剤を加えてみた。しかし凝れば凝るほど結果は思わしくなかった。

現在のスタイルは〝名の通ったメーカー〟の〝年齢ステージに合ったドッグフード〟に茹で肉をトッピングし、低脂肪牛乳をかけている。全部平らげたら歯に付いた食べカスをとるために馬のアキレス腱の日干しを一本与える。一応言っておくが、蹄《ひづめ》は決して与えないこと。奥歯を破折してしまう患者が後を絶たないのだ。

このシンプルな食事で5代目ドーベルマンのビクターは大きく成長し、2歳半で体重60キロに、そして3歳で65キロを超えた。おそらく日本新記録だと思う。ちなみに同胎犬たちは45キロ程度だった。

犬をカッコよく育て健康を維持する秘訣はヘンテコではない当たり前の食事、毎日の十分すぎるほどの運動、適切な日光浴、そして歯を清潔に保つことだと思う。参考にしていただきたい。

寿司屋の大猫

長くつらい一日の仕事が終わった。

緊張感から解放された私はひどく疲れているが、敢えて背筋を伸ばしてエレベーターに乗り、颯爽とした足取りで1階駐車場で待つ愛車に向かう。綺麗好きな私は車体にホコリが付いていないのを十分すぎるほど確認してからスマートに、まるで吸い込まれるように乗車する。人生のほとんどを勤労に費やす男にとって、自分のためだけの時間は貴重だから、車体の輝きはもちろん自身の仕草、そして移動中のクオリティーにまでこだわりを持つことになる。目指す場所は隣町、今夜は日に一度だけの食事を素敵な思い出の一つにしたい、そんな気分だった。

人がいない夜の道をヘッドライトが照らす。6月にしては涼しい夜、街路樹をざわめかせて速度を上げる私。ビルのシルエットに低く現れた大きな満月に雲がよぎる。

「なかなかいいじゃないの！」

私はノドチンコをビンビンに震わせて大きく叫んだ。これはプライベート時間の開始宣言のようなものだ。

目的地は「昭和寿司」という老舗だ。商店街の外れの角地にある建物はその名の通り昭和の時代から建て替えていないであろうクラシックな佇まいで、古き良き時代の匂いがする。車は店の前に停めてよいことになっている。以前、駐車違反取り締まりの警官が店の前の車を問い質しに来た時に、大将が昔気質のすごい剣幕で警官に向かって「寿司くらいゆっくり食わせてやれよ！」とやらかしたのには面喰ったが、どうやらここは私道であり、駐車禁止ではなかったらしい。

入り口は昔っぽい引き戸で軽い材質の格子状の木枠に千鳥柄の薄いガラスがはまっている。これを軽快に〝カラカラッ〟と開けて「こんばんは」なんて言いながら席に座るのが粋なのである。ところが戸の溝に指をかけようとした瞬間、店内から「バカヤロー」という怒声がして、ガッシャーン！という音と共に木戸が2枚とも吹っ飛び、知らないオヤジの頭が私の顔面を直撃したのだった。

どうやらまだ宵の口だというのに早々と〝できあがった〟常連客の喧嘩がド突き合いにエスカレートし、片方が突き飛ばされてこうなったらしい。店内が外から丸見えの状態になってしまったが、大将は大して驚く様子も見せず、手慣れた様子でガラスをホウキで掃きながら、「センセ、せっかく来たのにごめんね」などと言っている。

「すふひふてひいじゃない（涼しくていいじゃない）」

私はティッシュを丸めて鼻血を止めながらカウンターに座った。私の実家の斜め向かいの寿司屋も朝になると戸がなくなっていることがよくあったが、その理由をここで理解した。

「センセ、いつものやつね？」

「はい」

寿司屋では私は最初にマグロを20貫ほど飲み込んで空腹を軽減させる。色とりどりのものをチマチマ注文するのもオツなものだが、腹が満たされないとイラつくし、ただでさえ忙しい職人さんに無駄な労力を使わせない気遣いでもある。

「センセは江戸っ子だから解ってるよねぇ……変に通ぶらないで好きなものを好きなだけ食べるのが寿司だもんな」

「ヒカリモノが苦手なのでお手数かけます」と正直に言う私。

その時外から嫌な音がした。〝ペッコン！〟

「あっ、うちの猫が帰ってきましたよ。福助！　センセに挨拶しな」

振り返ると、私の車の屋根にデブ猫が座ってこちらを見ているではないか。スーパーカーは軽量化のために屋根が薄いので、猫が乗っただけで凹むのである。

「福助、屋根から降りろ！」

私が言うと、猫は飛び降りて、今度は〝ポッコン！〟と鳴り、凹んだ屋根が戻った。猫はその巨体を揺らして悠々と店に入ると、カウンターにひょいと飛び乗り、先ほどの酔っ払いオヤジたちの皿の上の寿司を、太った腹の毛で擦りながら跨いでこちらにやってきた。

「福助はね、センセに恩を感じてんだよ」

「しかし、デカい猫になりましたな……」

「エサがいいからね！」


そう、あれは3年前の冬、木枯し吹きすさぶ深夜のことだった。いつものようにドライブを楽しんでいると、歩道で大勢の人たちが何かを囲んでいるのが見えた。私は急病で倒れている人でもいるのかと思って車から降りそこに向かったところ、生後30日くらいの明らかに病気に見える汚い仔猫が、口を大きく開けて「ミイッ！　ミイッ！」と必死に鳴いて助けを求めていたのだった。

幼い仔猫にできることはそれが全てだし、誰かに拾われなければやがて死ぬのだ。通行人がどんどん集まって十数人の人垣ができていたが、この哀れな小さな命に手を差し伸べる者はいなかった。

そうこうするうちにこちらを振り返った誰かが私を見て言った。

「あ、この人は有名な獣医さんだ！」

その瞬間、皆は安堵の色を見せ、何事もなかったかのようにその場を去ろうとした。

私は少し腹が立った。この場合「私たちは何もできませんが、皆で少しずつお金を出し合いますから、プロの獣医師であるあなたに、この仔猫の治療と里親探しをお願いしてもいいでしょうか」

と依頼するのが本筋というものだ。もちろん私が第一発見者だったら即保護するが、今回は〝面倒は獣医に押し付けて自分たちは日常に戻る〟それが当たり前だと思っている連中だったのが気にくわなかった。

まあ、そんなことはどうでもいいけれど、とにかく夜の寒空に鳴き続ける仔猫の姿には胸が締め付けられることだけは確かだ。私は誰もいなくなったのを見計らって冷たく凍えたその小さな身体を服の中に入れて温めた。結膜炎の目ヤニと鼻水で仔猫の顔はぐちゃぐちゃだ。伝染性鼻気管炎にかかっている様子だった。蚤が私の腹を刺して痒い。「お前、ひっでえなあ……」

病院に戻り入院治療を開始した。

「ピカピカの仔猫になったら貰い手を探すけど、見つからなかったら俺が飼ってやるよ。安心しな……」

原価が5万円もする高額な薬を何本も使うことになったが、やがて仔猫の感染症は後遺症も残さずに早期回復した。そこにタイミングよく現れたのが昭和寿司の大将だったのだ。

可愛がっていた猫が行方不明になってしまったらしい。本当かどうかは定かではないが、目撃者の証言によると関西方面から遠征に来た三味線用の革業者に盗まれたという。

「小柄で白い雌猫だったから狙われたんだと思うんです。猫がいないとさみしくて……」

「それなら捜索を続けながらこの仔猫を飼いませんか。白と黒の毛皮で皮膚もまだら模様だし、雄だから大人になったら皮も厚くなるので猫ハンティングには遭いませんよ」

ちなみに三味線は超高級なものになると、糸巻と駒が象牙（象の牙）、撥《ばち》は鼈甲《べっこう》（海亀の甲羅）、そして革は猫の皮膚でつくられていたりする。雌猫のケンカ傷のないお腹の薄い皮膚が好まれるので、よく見ると乳首が確認できる。父方の祖母が三味線を教える先生だったので、こういった本格的な実物を見る機会が多かったが、昔はそれが当たり前だったようだ。

というわけで、仔猫は寿司屋の大将の愛猫として迎えられ、育ちに育って今や8キロの大猫に変身しここにいるのだった。

「福助はね、センセが好きなんだよ」

「いや、私が追い払わないから来るだけでしょう」

「センセがいると、福助はおとなしいんだよね」

「単にヒマだからこうやって食べるところを見に来るんだと思いますよ」

福助は私の座るカウンターの前の寿司ネタ用ガラスケースの上で、俗にいう〝香箱座り〟をしていることが多い。この姿勢はお腹を地面につけて両手両足を身体の下に折りたたんでいる、あの猫特有の座り方をいう。すぐに動けない体勢をしているということはリラックスしている証拠でもあり、どうやら嫌われていないことだけは確かなようだ。

それにしても、この猫の顔のデカさといったら世界記録ものである。〝玉あり〟なので、男性ホルモンの作用で雄の第二次性徴が見事すぎるくらいに発現しているのだ。顔の左右の皮膚が盛り上がって幅広の〝肉の盾〟が発達し、そのために目と鼻と口が顔の中央に寄っているように見える。白い顔に黒い模様のその頭部はまるで巨大なおむすびのようでもあり、とにかく立派な猫なのだった。

顔に鼻息がかかるくらいの至近距離に陣取り、無遠慮な仏頂面で半開きの猫目を逸らすことなく寿司を食べる私を観察するコイツは、一体何を考えているのかが全くわからない。そうこうするうちに福助が少し口を開いた時、私は確かに人の言葉を聞いたのである。

「うにゃいか、うにゃいのか」

「アレッ？　福助が『うまいか、うまいのか』と聞いてきましたが？」

と驚いて言うと、

「ああ、そいつ最近喋るんですよ」と大将。

「ふーん、そうですか」

と福助の顔をまじまじと見る私。

「まぐるう……」

「オッ？　大将、今度は『マグロ』と言いましたよ」

「言いますよ」

「へー、それなら……」

私は面白くなって、マグロを箸でつまんで福助の口元に差し出した。

「いるあにゃあ……」

「アレッ？『いらない』って言ってる！」

「それは初めて聞いたなあ」

こんなことをやっていると、少し酔いが醒めたのか、戸を吹っ飛ばした例の酔っ払いオヤジが隣でげらげら笑い始めた。

「俺にはただの猫の鳴き声にしか聞こえないんだよなあ……あんたらアタマ大丈夫？」

そう言いながら彼が手を伸ばした時、福助はそれを避けるように立ち上がり、大きな図体で床に飛び降りて外に出ていった。その時オヤジに向かってはっきりと「ばかにゃろ」と言ったのを私は聞き逃さなかった。酔っ払いは「何だとー」と怒っていたが、「おっ、猫が喋るのを認めたわけかい」と言うと、おとなしくなったのだった。

遊んでいるうちに夜も更けてきた。病院に帰らなければならない。

「大将、今夜は楽しい食事でした、お茶ください」

私は寿司屋で〝あがり〟という言葉は使わない、それは符丁であり、本来客が使う言葉ではないからだ。

「ホイ、センセお茶どうぞ」

「俺も帰ろうかな」

酔っ払いが言うと大将は紙を差し出した。

「ホイ、〝ばかにゃろ〟には木戸の請求書をどうぞ」

その後大将はコロナの影響で店をたたみ、昭和寿司跡地にはいかにも利回りの良さそうなつまらないアパートが建っている。大らかな時代の良い店がまた一つなくなったが、大将と福助は青森の奥さんの実家で「まぐるう、うにゃい」なんて言いながら今日も楽しく暮らしているのだという。

Nomura D.V.M.

名付けのミステリー

昔からお付き合いのある愛犬家のご婦人が、折り入って相談があるというので話を聞くことにした。

「先生、先代ではお世話になりました。この度、3代目の犬を迎えることになりました」

「そうですか。愛犬を老衰で見送った悲しみよりも共に暮らした思い出の楽しさが勝っている方は、何度でも犬を飼うものです」

「つきましては先生のお名前を頂きたく存じます」

「といいますと？」

ご婦人は手焼きサイズの写真を私に見せながら続けた。

「この子に〝潤一郎〟と名付けようと思います」

そこには何だかタワシみたいな口ひげを生やした、イタズラっ子そうなテリアの子供が写っていた。

「ええと……このくわんくわんの仔犬にですか？」

私は少し嫌だなと思いつつも了承した。

「先生は丈夫そうだし滅多なことでは死にそうもないのであやかろうと思いまして」

「なるほどね、そういえばよく見るとこの犬は天才っぽいですね！」

と言ってみると、ご婦人は
「馬鹿でも良いのです。でも病気にならず逞しく生きる子に育ってほしいのです」と返してきた。

「あ、そうですか」と私。

実は我が病院の患者には、把握しているだけでも3頭の〝犬の潤一郎〟が存在していて、飼い主たちの願いは一様に〝元気いっぱいの人生〟だという。犬にどんな名を付けようが自由だが、私はいつも飼い主と愛犬のやり取りにハッとさせられてしまう。

「潤一郎、しずかに」「潤一郎、それ食べちゃダメ」「潤一郎、座れ、お座り！」

こんな会話を聞く度に自分のことだと思ってしまうのだ。何だかどの子も落ち着きがないが、確かに病気知らずで健康だし、姿勢が良くキリッとした犬に育っている。まあ何といっても彼らは名前が潤一郎だから、本家の潤一郎としてはオツムの中までは保証できないけれど、とりあえずいいんじゃないでしょうかという感じではある。

さて、仔犬を選び家族として迎え入れ、飼い主が最初に行う愛犬生活の第一歩はこのように名付けなのだが、私は長年の経験から確信していることがある。名前は非常に重要な意味を持ち、その犬の一生に大きく影響を及ぼすのだ。

ところで、皆さんは「忌み名」をご存じだろうか。諸説あるが簡単に説明すると、これは親子や配偶者などの信頼関係のある相手以外には決して公に明かされない〝本当の名〟のことをいう。腹に一物ある者に知られてしまった場合には、呪いによって言いなりにされる可能性があると信じられていたらしい。だから普段はそれを隠し、仮の名の「通り名」を名乗って生活するという古代日本の風習なのだが、一種の言霊信仰のようなものだと理解してよいと思う。

私には「諺はかなり正しい」という持論があるのだが、昔の人たちの知恵はなかなかどうして真理にせまっていて、〝名前の魔力〟についても現代科学では解明されていない何らかの力が働いている可能性は否定できない。

以前、見るからにネクラなカップルが仔犬を連れてやってきて〝ヒカゲ〟と名付けると言った時、私は「どうせならヒナタにしなさい」と助言したものの、彼らの意志は固かった。証明こそできないが、ヒカゲが病気がちなのは名前のせいなのでは？　と常に心にひっかかり、その短い一生を看取った時は無性に悔しかった。陰と陽の選択肢があるにもかかわらず陰気な名を選んだ場合には、悪い結末を招く力が働くのではなかろうか。

「うちの柴犬は〝タンゲ〟と名付けました」

その飼い主がそう言った時、「ほらまた来た！」と思った。案の定タンゲは犬同士のケンカで右目に深手を負い義眼の犬となった。〝丹下左膳〟とフルネームではなかったのは不幸中の幸いで、もしもそうだったとしたらきっと右腕も失っていただろうと想像した。物語のキャラクターの名を貰うなら、その身体的特徴にも注目するべきなのかもしれない。

ガブリエルはキリスト教において三大天使の一人である。しかしこの聖なる名を用いるとなぜか咬み癖がある犬に育つことが多い。愛犬に〝ガブリ〟と咬まれた大怪我で何針も縫うことになった飼い主にとって、愛犬の怒りの唸り声は大天使が最後の審判の際に吹き鳴らすラッパの音よりも恐ろしいことだろう。もし名前の神のような存在があったとしたら、かなりのトンチ好きに違いない。

このような変な語呂合わせで現実世界に問題をもたらす癖があるのではないだろうか。

「身体の一部」を連想させる名もお勧めできない気がする。該当する部位に問題が発生することが非常に多いためである。ある奥さんがチワワに頬ずりをしながら言った。

「この子の名前はヒフちゃんです。1月2日に生まれたからです」

私の悪い予感は的中した。ヒフは遺伝性の脳下垂体異常から成長ホルモン欠乏性の皮膚病になって全身がカサブタだらけになってしまった。

先日、17歳という高齢で顔面にできた巨大腫瘍摘出を敢行した犬にも名前のもたらす運命を感じた。この博打のような危険なオペを受けた子の名は、やはりというかズバリというか〝メンちゃん〟だった。

こういった話をしたところ、ある女性が震えあがって犬の名を改名した。〝ハナ〟を〝ハナサクヒメ〟に改めたのだった。結局〝ハナ〟とついているので変わりばえしないと思ったが、すっかり歳をとった今でも鼻の病気にはなっていない。飼い主の極上の愛と強い願いは、名前がもたらす呪縛を打ち消す力があるのかもしれない。

皆さんの周囲には難治性の外耳炎の〝ミミちゃん〟や眼病にかかった〝メメちゃん〟はいないだろうか。科学者のはしくれたるこの私がオカルトチックなこじつけをするのは良くないこととわかっているが、データー的にはその傾向を認めざるを得ない。注意していただきたい。

飼い主が命名する犬の名にはいくつものパターンがある。

特に意味がなく可愛らしく聞こえ、かつ耳に心地よい名前に〝ルル〟とか〝ララ〟、または〝ナナ〟などがある。サラッとしていて可もなく不可もない印象ではあるが、言霊エネルギー含有率が少なそうなので、変なことにはなりにくいのではなかろうか。

先の〝潤一郎〟や〝裕次郎〟〝永吉〟〝文太〟など、実在する人物の名を愛犬に付ける場合、飼い主はオリジナルの中にある個性にあやかりたいと考えるらしいが、これには特にまずい現象を確認していない。しかし、何らかの作用が本当にあるのだとすると、好まざる部分も似てしまう可能性だってある。それが許せるかが問題だ。

〝ペス〟〝ポチ〟〝コロ〟などの場合は犬の名前一覧表的なものの中から好みのものを選んでいるだけだと思うが、一周回ってむしろ新しいかもしれない。

ただし〝ラッキー〟という名の犬はなぜかアンラッキーな一生を送ることが多い。これについては例によって、少し性格がヒネクレている名前の神に狙い撃ちされているような気がする。

自分の趣味に関する言葉を名前にする人もいる。たとえばクルマ好きの男性の場合は〝ラリー〟〝ターボ〟〝パワー〟などと名付けたりするが、人混みで「パワー！」とか叫ぶのは〝きんに君〟みたいでちょっと気が引ける。

恥ずかしいといえば、〝ジョセフィーヌ〟〝クリスティーヌ〟〝シモーヌ〟などのフランスっぽい名前を犬に付けて、「ヌーヌー」言うのも個人的にはちょっと……と思っていたのだが、今こうして文章に書きながら何度も発音しているうちに、何か素敵かもしれないと思い始めた。不思議である。

女性の場合は食べ物の名称を好む方が大変に多い。とある綺麗なお嬢さんが4頭のミニチュアダックスを連れてやってきた。

「センセ、この子は〝キムチ〟この子は〝カルビ〟この子は〝ロース〟そしてこの子は……」

「あ、わかったビビンパでしょ！」

と先読みすると、「ブー！　残念でした。〝アンニンちゃん〟でしたー」と言う。どうやらもうデザートの時間だったらしい。

また好きなアイドルグループの名前も人気で、いまだに〝ブックン〟〝ヤックン〟〝モックン〟なども人気である。

ある日、恰幅の良い中年紳士が金無垢ロレックスをキラキラさせて、ヴィトンのキャリーから3匹のトイプードルを取り出した。

「〝明美〟〝恵子〟〝梨花〟です」

「なるほどね……」

「先生は鋭いからもうお気付きだと思いますが、実は2号、3号、4号の名前なんです。女房に寝言を聞かれても言い訳ができるように頭を使いました」

こういう余計なことを喋る方には「あ、聞いていませんでした……」と返すしかない。

「縁起の悪い陰」「身体的特徴のある主人公」「問題行動の擬音に似たもの」「肉体の一部を連想するもの」以外は概ね無害と思うが、私が知らない名前に関する因縁が他にも沢山あるかもしれないので、名付けの際は注意していただきたい。

「ところでセンセの愛犬たちはどんな名前なの」という皆さんも多いと思うので簡単に説明しておくが、私の場合はあまり深読みせずに、フィーリングを大切にしてきたようだ。

歴代の最初の4頭はみんな女の子だったので、全て花の名前が付いていて、初代の白い雑種は〝リリー〟。2代目からは全頭ドーベルマンなのだが、〝リーラ〟〝ビオラ〟〝イリス〟と紫色の花が続き、

5代目からは男の子なので花の名前は中止して〝ありふれた男性の名シリーズ〟に変更した。すなわち〝オスカー〟そして現在の6代目は〝ビクター〟である。これらに共通するのは呼びやすい3文字であることと全てドイツ語であることだ。

オスカーは「うーん、オスかあ……」と唸ってしまうような筋骨逞しい肉体に恵まれ、その性格も穏やかで悠々としていて実に男らしい犬に育ったので、トンチ好きの名前の神がたまたま良い方向に運命づけてくれたのかもしれない。

ビクターに関しては〝勝者〟を意味するその名の通り、無敵感漂う大胆な性格になり、身体も過去最大級で体重はやがて65キロに迫ると思われるほど発育が良いものの、まだ経験値が浅いこともあってか、非常にくだらない事柄にビクつくことがある。もしかしたらイタズラ好きの名前の神がVICTOR＝〝ビクつく人〟と解釈して悪さをしているのかと思ったのだが、私はこんなこともあろうかと、秘密の対策を準備していた。

実はビクターという名は「通り名」で「忌み名」は別にあり、しかもそれはかなりカッコいい。ビクターは私だけに従い、他の誰の言うことも聞かないが、それは私がビクターに命令する時に必ず心の中で〝本当の名である忌み名〟を念じるからで、これは宇宙の最後が来ようが、未来永劫、たとえ神であっても邪魔することも解き明かすこともできない、私たち親子だけの絶対の秘密なのであった。

人イヌにあう

　ここは太古の地球、1億6000万年以上にわたって地球を席巻した恐竜たちの時代が終わり、哺乳類が大地の主役をつとめるようになった世界である。ニッチ（生態的地位）の空白は様々な種が誕生して埋まりつつある。かつての生物相と決定的に違うのは、獣の能力を全て捨て去り、脳と生殖器だけを発達させる道を選んだ二足歩行のサルが出現したことだった。

　これは人類黎明期の話である。海岸の潮風と波の音は今とそれほど変わらなかった。空には海鳥が風に乗り、海面は夕日が反射してきらきらと輝いている。唯一の違いは岬の灯台や水平線を横切る貨物船などの人工物が一切ないことくらいだ。

　寄せては返す波に揺られている物体があった。潮だまりを流血で真っ赤に染めながら最期を迎えようとしている男の肉体である。出血が続き、赤血球の鉄臭さがむせ返るような磯の匂いと混じり合っている。もうそう長くはもたないだろう。

生き物は、生まれ、育ち、生み、死ぬ、という4サイクルで世代交代を繰り返し、進化する。この仕組みの中では生と死は等価値であり、この時代ではこんなことは日常だった。

やがて男の脳髄から麻薬に似た成分が分泌され始めた。これは最期に発動する〝楽に死ぬ〟ためのプログラムだ。すなわち男はもう不安も痛みも感じておらず、それどころか多幸感に満ちていた。だから、瞬《まばた》きを失ったまなこに映る夕日は身震いするほど紅く美しく見えた。感動の涙が流れた。

男は原始の言葉で叫んだ。

「キレーナダ・アカピカ・タイヨー！」

この男は子孫を残すために旅をする風来坊だった。動物のオスが故郷を離れて遠くに行きたがるのは近親婚を避けるための本能である。男がこの部落にたどり着いた際、最初に出会った母子を見て思いついたのが赤子殺しだった。他のオスの遺伝子を消滅させ、代わりに己の子を生ませようと考えたのだ。原始の世界では欲望に忠実であることが正義なのである。

実は、肉体は生殖器の維持と移動のためにあり、辛い一生は己の遺伝子を残すための戦いだ。同属間で争い、その結果勝ち残った優秀な個体群が他種を相手に種の存続をかける。勝てば繁栄し、負ければ絶滅する。この個体間、そして種間の闘争が地球生命体の多様性の源なのである。

「ヤル・パコパコ！」と叫びながら襲いかかる男に怯えた母親は、「ヤメレヤメ！」と血を吐くような悲鳴を上げて抵抗した。しかし思ったように事が運ばないのは古代も現代も同じである。男の行為は、たまたま近くに居合わせた肉食獣の群れの攻撃本能を猛烈に刺激してしまったのだ。男はたちまち群れに囲まれ、その肉体のありとあらゆる場所に容赦なく牙を突き立てられた。

「ヤメレヤメ！」

今度は男が泣き叫ぶ番だった。これを見た母親は目を見開き、血が滲んだ唇で叫んだ。

「ザマーミ・レヤレヤ・ブッコロ！」

このような経緯で男は「タイヨイタイヨ！」と呻きながら失血死したのである。

初期の人類である彼らは自分たちをホモホモと呼んだ。実は母親の部落のホモホモたちは、男を屠《ほふ》った獣の群れにさほど脅威を感じていなかった。件《くだん》の肉食獣は知能が高く、順位を重んじた高度な社会性を持っていて、常に統率の取れた行動をした。普段は集団で草食獣を狩るが、最近は部落の残飯で腹を満たす癖がつき、近くの森に棲みついていたのだ。

肉食獣の群れと部落は常に一定の距離を保っていたが、そのうちに連帯感が芽生え始め、この男のような荒れた部外者や外敵の猛獣に対して、意識せず共闘することがよくあった。ホモホモたちは彼らを〝イヌウ〟と呼んだ。彼らの言葉で「いつもそばにいる」という意味だった。この獣こそ「犬」の祖先である。

冬が訪れた。

凍るように冷たく光る月が雪原を照らしている。

「ウワオーン」

イヌウたちの遠吠えが静寂を破る。狩りの前に士気を高めているのだった。

彼らのハンティングは猫科が行う単独での脊髄攻撃とは大きく異なる。その鋭い嗅覚を使い、集団で一晩中しつこく獲物を追い回して疲れさせ、相手が隙を見せた瞬間にリーダーが顔面に喰らいつき、次にサブリーダーが下半身に牙を喰い込ませる。前と後ろに引っ張られた獲物が身動きが取れなくなったところで、その他大勢が腹を喰いちぎるのだ。

ホモホモの長が言った。

「イヌウ・シーカ・ブッコロ」

部落の皆はまん丸お目目で「タベタイーン」と叫んだ。口元はヨダレがダラダラである。

この季節は獣として非力なホモホモはなかなか食事にありつくことができなかったのでイヌウとの立場が逆転することがあり、ホモホモたちはイヌウの仕留めた獲物のおこぼれを頂戴することもしばしばだったのだ。

ところがその夜は違った。ホモホモたちが狩場に到着すると、巨大で獰猛な猛獣〝クーマ〟がイヌウたちの狩った〝シーカ〟を横取りするために現れて、激しい攻防戦を繰り広げていたのだ。

ホモホモたちは即座にイヌウたちの側につき、「ヨコ・ドーリ・ダメ！」と行為の否定を意味する言葉でわめきながら棍棒を振り回した。驚いたクーマは退散したが、すでに数匹のイヌウが犠牲になっていた。腹が大きく裂けた雌は妊娠中だったのだろう。内臓が飛び出た傷口から1匹だけ助かった子がモゾモゾとはい出てきてピイピイと鳴いた。ホモホモの男たちはそれを見て、「ウマウマ！」と言って食べようとしたが、一人の女が「バーロー・ウマウマ・メダ！」と叫びながら、男の股間を蹴り上げてイヌウの子をひったくった。この女はあの時に、イヌウの群れに我が子を助けてもらった母親だった。あの出来事以来イヌウに恩を感じていたのである。

母親の名はマーマといった。マーマは続けた。

「マーマ・オッパ・イッパイ・モコモコ・イヌウ・ウマウマ」(私の乳房は二つあるから片方は息子のモコモコに、もう片方はこのイヌウの赤ちゃんに乳をあげることにする)

イヌウの赤ん坊はムクムクと名付けられた。それからのマーマは右の乳首を息子のモコモコに、左の乳首をイヌウの子ムクムクに吸わせ、二人を兄弟として育てた。部落の皆はこれを称えた。

「モコモコ・ムクムク・イノチノ・フシ・ギー」

これをきっかけにホモホモたちとイヌウの群れは一気に親密度が増し、部落の中のあちこちにイヌウがうろつくようになった。

15年の歳月が流れた。

モコモコは逞しい若者になった。マーマもムクムクも寿命で死んだが、モコモコの元にはムクムクが遺した〝イー〟と〝ヌー〟と名付けられた2匹のイヌウがいた。

三つの命は強い絆で結ばれていた。今やホモホモたちの生活はイヌウとの共生で成り立っていた。ホモホモの頭脳とイヌウの能力が合わされば、大抵の狩りは成功したし、外敵から身を守ることも容易だった。

やがて生活に余裕ができたホモホモの社会に芸術のようなものが生まれ、モコモコは〝コンラー・ロレン〟(原始語で素晴らしい人の意)と賞され、〝ホモホモ・イニュー・キョーデェー〟(人イヌにあうの意)という歌がつくられて、皆が口ずさんだ。

「マイゴー・マイゴー・コイヌチャー・アナー・オウチ・ドコ・デス・カー」

これは原始の言葉で「イヌウの子がいたら世話をしなさい」という内容だった。

ある日の明け方、まだ薄暗い中、ひんやりした北の山を越え、部落に近づく集団があった。彼らは人間の姿をしているがホモホモではなかった。ホモホモたちの外観は褐色の肌と黒い髪だが、彼らは白い肌と赤い髪だった。そしてその肉体はホモホモよりも筋骨逞しかった。現代ではホモ・サピエンスが唯一のヒト科だが、この時代の地球上にはネアンデルタールなど数種類の人類が同時に存在していた。

侵入者たちはその一種で、自分たちを〝ネアーン〟と呼んでいた。食べ物を求め、ホモホモの地を侵略するために北方からやってきたのだった。ネアーンたちがホモホモと平和的に友交する意思がないのは、その手に持っている尖った骨やごつごつした石を見れば明らかだった。

この異変に真っ先に気付いたのは、平和なホモホモの部落に住むイヌウたちだった。鼻筋に皺を寄せて牙を剝《む》き、一斉にワンワンと吠えた。かつてのイヌウは唸ったり遠吠えをしたりはするが、吠えるという行為はしなかった。これはホモホモたちとの共同生活の中で、意思の疎通を円滑にするために獲得した習性である。

ちなみに、何世代にもわたって自力で生き延びてきた野良犬は吠えることはせず唸るのみで、狼も同様である。犬は人間に飼われて初めて、ワンワンと吠える生き物〝わんわん〟になる。

寒い地域の哺乳類ほど身体が大きくなるが、これをベルクマンの法則という。今まで北方で巨大な獣ばかりを狩って生きてきたネアーンたちにとって、小柄なイヌウなど大した敵ではなかったが、その集団がホモホモの住み処から飛び出てきてやかましく騒ぐことには面食らった。ネアーンの社会にはイヌウを飼いならして共生する文化は存在しなかったのである。ネアーン軍団は焦燥し、リーダーらしき男が一斉攻撃を命じた。

「ギャー・トル・ズー！」

ホモホモたちの番兵は皆に異変を伝えたが、意表を突く侵略者に対して即座に迎撃態勢を取ることなど不可能だった。数名の女子供が彼らのごつごつした石の武器によって頭を砕かれて死んだ。

しかし、敵であるとはっきり認識したイヌウたちは、素早く、そして猛然と応戦した。ネアーン軍は原野において統率の取れた集団性の捕食者であるイヌウたちの狩りの様子を見たことはあったもののの、まさか自分たちがその対象になるとは夢にも思っていなかった。しかもホモホモの後ろ盾を信じるイヌウたちの勇敢さは猛烈で、野生のイヌウの比ではなかった。

そうこうするうちに、ホモホモ戦士たちがやってきてイヌウたちに加わり、戦いはホモホモの圧勝に終わった。部落の男たちは重傷を負って呻いている敵戦士たち一人一人に、大きな石で頭骸骨を粉砕しとどめを刺した。殺《や》らなければ殺られたわけだから、これは当然の報いである。

最後の一人は素っ裸のまま地面に縮こまって震えている少女だった、よほど食糧事情が劣悪だったのだろう。敵の戦士たちは家族を連れて旅をしてきたらしい。

ホモホモの大石が少女の頭蓋骨に振り下ろされるその時、〝コンラー・ロレン〟として皆に尊敬されているモコモコが通りかかり、「ヤメレヤメ！」と叫んで制止した。彼はイヌウに乳を吸わせるほど優しい母が生んだ子だ。しかもイヌウと共に育っているため、究極状況でも狂ったサルにはならず、常に生き物としての常識があった。そもそも少女はネアーンの軍団についてきただけの非戦闘員であり無力なのだ。

「ハラ・ヘリ・ホロ？」

モコモコはそう言うと、少女にシーカの肉を差し出したのである。

月日が流れた。

モコモコは〝イー〟と〝ヌー〟を連れて丘に立ち部落を見下ろしていた。春の暖かい太陽が彼らを包み、足元には色とりどりの花が春風に揺れている。彼は今、部落を後に広い世界に旅立つのだ。彼は言った。

「イー・ヌー・ダイ・スキ！」

これは原始語で「〝イー〟も〝ヌー〟も、いつまでも一緒だよ」の意である。

その時、部落のほうから転がるように駆け寄ってくる誰かがいた。

小さく見える姿はまぎれもなくあのネアーンの少女だった。背中に食べ物を沢山詰めた革袋を背負っているが、それ以上に大きく膨らんだお腹を愛おしそうにさすりながら、風にかき消されないように大きな声で叫んでいた。

「モコモコ・イー・ヌー・ダイ・スキ！」

本書で書きおろしをしました
「人 イヌにあう」の主人公です
みなさんの遠いご先祖かも
しれませんよ！
原始時代
ですから
鉄はありません
石の矢じり
です
ネアンデルタール人の
娘の名は本文中には
出てきませんが
みなさんが
つけてあげて
くださいね
ヒゲ面
男なので
筋肉質です
ベンチプレス
200kg！
三角筋
三頭筋
胸筋が
スゴい！
革袋の中は
干し肉
この時代は
パンツは
ありません
（たぶん）
かっこよすぎ？
かわいすぎ？
このくらいの
ロマンがほしい
ですね！
Nomura D.V.M
はだしで
走り回っても
大丈夫
イー
原始時代の犬なので
少し普通の犬と
ちがう感じにしました．耳と尾です
ヌーはオシッコに行っています
ネアンデルタール人
の娘（妊娠中）
ムクムク
（ホモサピエンス）
さあ！ 新天地をもとめて旅立ちの時だ！

スパンクのカセットテープ

深夜の中野通りの桜並木で、何をするわけでもなく佇んでいる白衣の男を目撃したとしたら、それはまぎれもなく〝男の時間〟を過ごしている私である。たった一人の戦いに疲れ果てて沈む時、瞳を閉じて顔を上げ、耳をすませて風の音を聞く。男はこうしながら思いを巡らせ、〝許したり、納得したり、諦めたり〟しながら、ズタズタに破けた心をつくろうのだ。

映画とは違い、カメラの回っていないところで誰にも理解されぬまま何かのために闘う場合、大きな孤独感につつまれるものだが、私はとうに慣れた。この辛さは誰が悪いわけでもない。牙無き人たちを救う日々に挫けそうになった己の弱さこそが憎むべき敵なのだ。

時折吹く強風は低気圧襲来の宣戦布告だが、鉄の心にはそよ風にしか感じない。木々がざわめき、残暑の炎天に焼かれた葉が愛車の屋根に落ちては滑り落ちる音が聞こえる。葉と共に落下した毛虫の感触を頭髪に感じたその時、目の前に一台のクルマが停車して中年男性が降車した。

「野村センセイ、健一です」

「あ、一瞬誰だかわからなかったよ」

「その節はお世話になりました。実はご相談があります……」

「どうしたの？」

「あの時のカセットテープが見つかりました。機械好きの先生のことだから再生するデッキを持っているかと思って」

「そんなことか。現代の機器で聞けるようにデジタルデーターにしてあげるよ。それにしても大切なものが出てきてよかったね」

私は頭の上の毛虫をつまんで、そうっと木に戻しながら答えた。数十年前の記憶がよみがえる。

彼はある家族の長男で、最初に出会った頃はまだリトルリーグに夢中の小学生だった。優しそうな両親に連れられて箱を抱えた健一君と、その妹の涼子ちゃんが病院を訪れたのは、お盆過ぎの暑い午後だった。

「センセイ、こんにちは！　この仔犬は僕のスパンクです」

「わたしのスパンクだよ〜」

ケンカになりそうな兄妹をお父さんがたしなめる。

「二人とも、この子は〝我が家の〟スパンクだよね」

「そうよ、そしてこの子はあなたたちの弟なのよ」

お母さんが続けた。

「センセイ、幼い兄妹のオモチャとしてではなく家族の一員として仔犬を迎えました。初めてなのでこれからは色々と教えてください」

父親が人の好さそうな笑顔でそう言った。「もちろんですよ」と私。

これからこの茶色い雑種の仔犬は若いファミリーの未来をよりいっそう楽しく変え、家族全員にあたたかい沢山の思い出を残すことになるのだ。そう思うと何だか嬉しくなった。

ある日、健一君が野球のユニフォーム姿のまま病院に飛び込んできた。

「スパンクが死んじゃうよ！」

しかし両手に抱えられた仔犬は、キョトンとした顔でこちらを見ている。

「家に帰ったら妹が泣いていて……」

遅れて到着した涼子ちゃんは涙と鼻水だらけの顔で必死になって伝えた。

「あのね、あのね、一緒にお昼寝していたらね、急に苦しそうに鳴いて手足がピクピクしたの……えーん……うええん！」

慌てて診てみたが仔犬には何の異常もなかった。

「もしかしてこんな感じだったかな？」

私は横になって白目をむきながら、クォンッ！　クォンッ！　と鳴いてみせた。

「あっそれ、それだよッ！」と涼子ちゃん。

「これはね、犬の寝言なんだよ」

「犬も夢を見るの？」と健一君。

「そうだよ。君たちと同じ」

「じゃあオネショもする？」

「しないよ。君とは違う」

「お兄ちゃん、オネショするのバレちゃったね」

涼子ちゃんが笑った。

数か月後のことである。今度はお母さんが深刻な顔をして仔犬を連れてきた。兄妹は不安げな顔をして母親のスカートにつかまっている。

「センセイ、スパンクの歯がなくなっているんです……。硬いものを噛んで折れたみたいです……」

仔犬の口を開けてみたが、またしても異常は見られなかった。

「何ともありませんが、乳歯が永久歯に生え変わり始めていますね。真っ白い丈夫な歯がちょこんと頭を出していますね」

「ええっ！　犬も歯が生え変わるんですか！」

「はい。前歯の真ん中の中央2本から始まります。涼子ちゃんと一緒ですね」

それを聞くと彼女は〝イー〟をして自分の〝みそっ歯〟を両手で指さしてニコニコして見せた。

愛犬家初心者に特有のこういった他愛もないドタバタを繰り返しながら仔犬はすくすくと成長し、あっという間に大きくなった。スパンクは毎日の散歩の際には必ず病院の前を通った。朝はお母さんが、夕方の明るい時間帯は兄妹が、そして夜はお父さんが担当した。

「スパンクは病院が好きで、この間の夜なんかシャッターが閉まっているのに〝入るんだ〟と言ってきかなかったんですよ」とお父さんが笑った。

「きっと遊び場だと思っているんですよ」私も笑った。

ある晩、お母さんが何やら大型のラジオカセットを担いで病院にやってきた。お父さんのカラオケ練習用だという。

「センセイ、スパンクがとても大きなイビキをかくのですが録音を聞いてもらえますか？」

かくしてテープを再生してみると……

「ジャジャジャジャーン、カモメが翔んだぁ、カモメが翔んだぁ……」

「お父さん、テレビうるさいわよ」

「わんっ、わんっ、わんっ！」

「母さん、ビールもうないの？」

「わんっ！　わんっ！　わんっ！」

「健一、ごはん食べちゃいなさい」

「お兄ちゃん、スパンクが卵焼き盗んだ！」

「あーっ！」

ドスン！　ガッチャン！　チリンチリンッ！

「わんっ！　わんっ！　わんっ！」

「あーこりゃこりゃ」

「あなた飲み過ぎよ、もう寝なさい」

……私はたまらなくなってストップボタンを押した。

「奥さん、楽しそうな家族団欒ですね」

「すいません。この次あたりにイビキが録音されていると思います」

「ぐー、ぐー、ぐー」

「あ、コレか！　別に普通の中年の中型犬のイビキですね……」

「センセイ、お騒がせしました」

「いいえ。それよりもこの録音テープ、消さないでとっておいたほうがいいですよ。とても沢山の幸せが詰まっていますから。スパンクは〝楽しいね、ずっと一緒だよ、約束だよ〟と言っています」

丈夫な中型雑種犬のスパンクは大きな病気もせず、この家族の愛犬生活はその後も良好に続いた。思い出を沢山つくりながらキラキラした時間が過ぎていった。犬との生活はまるで流れ星を見ているようだ。ずっとこのままでいたいけれど、楽しい時間はあっという間に過ぎてしまう。


中野通りの桜が咲いては散り、それが10回以上繰り返された頃、学ラン姿の健一君が歩いていたので声をかけると、「あ、はい……」とつれない返事だった。思春期特有のはにかみなのかなと思った。セーラー服姿の涼子ちゃんは、同級生と連れ立って通過する際にぺこりと頭を下げていくだけだが、女の子は成長すると皆そんな感じだ。彼らは大人への階段を上り始めたのだ。いつまでも犬と遊んでばかりはいられないのだろう。青春を謳歌する年代になったのだ。

この頃は、歳をとったスパンクの散歩はもっぱらお母さんの仕事だった。それも気が向いた時に時々出かける程度になった。これはよくあるパターンであり、全ての生き物が生まれて育って死んでいくように人間の家庭もまた経年変化を伴う。いつまでも変わらない家庭は国民的アニメの磯野家くらいで、現実世界ではもちろん不可能だ。

ここまではまあ仕方がないとして、しばらくして私はショッキングな光景に遭遇してしまうことになる。中野通りの蓮華寺下の交差点で隣に並んだ改造バイクに乗っている暴走族の顔を覗き込んだ時に私は驚いた。それはあろうことか健一君だったのである。

違法の〝絞りハンドル〟に、爆音の〝直管マフラー〟、安全基準を満たさない〝半キャップ〟のヘルメットを頭に被らずに首にかけ、シンナーの入った缶を前歯で咥えて鼻から吸引し、酩酊状態のままアクセルをあおってリズムをとっていたのだ。「おい待てよ」と言うと、彼はちらりとこちらを見て、ばつの悪そうな顔のまま発進した。

当時、平和の森公園に集う不良少年たちを更生させるために色々と面倒を見ていた私は、彼らに質問した。「○○町の健一を知ってるかい？」

私の経験では一般的に不良と呼ばれている子供たちは間違いなく犬好きで、本当はとても素直で優しい心を持っている。ただ傷つきやすいのだ。彼らの答えはこうだった。

「あいつはかなり荒れてます。父親が連帯保証人で破産してから女と逃げたんです。母親は別の男と暮らしていて、妹は不良外国人とつるんでます」

「そうか、それはどうしようもないな……」

その頃の私は若く非力だったのだ。

「ところで、犬がいたのを知ってるかい？」

「スパンクなら、家に残った妹が一人で面倒見てると思いますよ」

「そうなんだね……」

それからまた数年経ち、この事件が私の忘却の丘を越えようとする頃に、突然女性から電話がかかってきた。涼子ちゃんだった。

「お久しぶりです……スパンクが死んじゃう……今度は寝言じゃないみたい……助けて」

「もうかなりの歳だよね。病院に来るかい？」

「はい、今から行きます」

ほどなくして病院の駐車場に一台の車が停まった。監視カメラを見ていると、乗員が４人いる。

「あ……家族全員で来たんだ！」

しかし、診察台の上に載せた高齢のスパンクの命が尽きるのは、明らかに時間の問題だった。

しばらくぶりに会ったのであろうお父さんとお母さんは目を合わせることもなく、まるで別人のような冷たい表情だったが、涼子ちゃんが堰を切ったように、

「私、あの頃が一番楽しかったよ。だからみんなを呼んだんだよ。スパンク死なないで」

と泣き叫ぶと、二人とも昔の優しい顔に戻った。お父さんが「スパンク」と呼びかけた。お母さんも「スパンク」とつぶやいた。黙っていた健一君が目を潤ませながら言った。

「スパンク、またみんなで卵焼き食べような」

スパンクは既に視力を失っていたが、耳は聞こえている様子だった。小さくふんふんと鼻で鳴いて、大きく何度も尾を振った。

「お父さん、お母さん、お兄ちゃん、お姉ちゃん、僕はずっと待ってたんだよ。またみんなで暮らせるんだね。うれしいな、うれしいな……」

スパンクはそう言っているようだった。バイタルモニターの数字が一瞬正常値に戻ったが、やがて一直線になった。処置室にアラームが鳴り、かつて家族だった4人は涙を落とした。

彼らがその後どうなったのかは詳しく聞いていない。しかしちっぽけな一匹の犬が家庭犬として楽しく暮らし、皆が離れ離れになっても信じて待ち続け、その小さな一生を終える瞬間に、再び幸せを感じながら旅立ったことだけは確かである。そして古いカセットテープに録音された思い出の中では、スパンクは今も愛する家族と一緒に生き続けている。

クリスマスに
ひとりぼっち
だからって
泣かないで …
誰も君のこと
"クリボッチ"
だなんて
言わないから…
ツリーなんか
飾るからよけいに
かなしいんだよ！
パッツンは
描くのが
楽だね
ゴゴゴゴゴゴゴ
あんまり泣いていると！
ほら
妖怪
栗墓地に
なっちゃったー
（名前コワッ！）
天津甘栗
さあ
めしあがれ！
気になる
特殊能力は
何と
栗ごはん炊き！
（つーか
得意料理？）
いい
奴じゃん
Nomura D.V.M

「動物的人生相談」の時間です

飼い主の女性がニコニコした顔で言った。

「おかげさまでチコちゃんはこんなに元気になりました」

診察台の上で白いチワワが尾を振っている。柴犬に頭を咬まれて片目が飛び出し、ぶら下がってしまったのだが、飼い主の機転により眼球を失うことなく手術が成功したのである。「乾いてしまったらもう駄目だと思ったのです」と彼女は目玉を口に含み唾液で湿らせながら病院に飛び込んできたのだった。

「視力も正常だし完治です」

「よかったあ……私みたいに片方が見えなくなったらどうしようかと思いました」

「え、そうでしたか……」

「実は同棲している彼の暴力でそうなりました」

私は獣医師だが普通と違って、込み入った話をしやすい雰囲気らしい。日々診療に当たっていると、動物医療とはかけ離れた相談を持ちかけられることがある。貧乏でほったらかしの幼少時を犬に育てられ、様々な艱難辛苦《かんなんしんく》を乗り越えた犬人間だから、優しそうなケダモノに話す感覚なのかもしれないが。

「彼と別れるべきでしょうか……」

私は即答した。

「別れましょう」

「でも良いところもあるんです」

「そもそもどんな理由があれ、雄が雌を傷つけることは生物の世界ではご法度なのです……」

本来雄の脳には女性と子供を守る本能だけでなく、暴力を振るわないためのブレーキ回路が備わっている。そしてこれは成長過程で睾丸から分泌される男性ホルモンの作用で成立する。これが足りない場合〝男脳〟に成熟できずに幼児性のある成体となり、残虐なDV男ができ上がるのだ。

怒るとモノに当たる男は女性と子供に手をあげる傾向があるし、こういう個体は雄同士の礼儀にも欠けるから出世もしない。ちなみに正常な睾丸を持つ雄は自信があるから悠々としていて、どんなに雌から攻撃されても反撃などせずに耐える。そして静かに去った後、他の優しい雌のところへ行くのである。

「犬の目玉を口に入れる貴女のような利口で母性に溢れる女性には、もっと男らしい男性が現れます」

「今日別れることにします！」

一件落着の瞬間であった。

2匹のトイプードルを抱えた男性がお菓子を持ってお礼に訪れた。

「先生の言うとおりにしたらアダムとイブは子宝に恵まれました」

「めでたいですね」

「仲が悪いから無理かと思っていました」

「二人とも飼い主さんを慕っていてヤキモチ焼きですからね。排卵後のチャンスを見極めるのがコツです」

犬は年に2回の排卵があり、受精適期以外は交尾をしない。DNAが99パーセント共通の人間とピグミーチンパンジーはコミュニケーション手段として快楽目的の交尾をするが、犬はそうではないのだ。

「ところで先生、僕は何で彼女ができないのでしょうかね……」

そら来た変な相談。

「頭が良いし健康そうだし稼ぎも良いのにね……」

「それって関係あるんですか」

「もちろんですよ」と私。

人間の女性は〝三高〟を求め、それらの条件を提示された男性は「ムカッ！」となるのが世の常だが、生物の世界では当たり前なのだ。つまり高学歴＝頭が良い、高身長＝健康、高収入＝エサ取りが上手いと考えればわかりやすい。どれが欠けても生まれた子が育つ確率は低下する。

「でもアタックして成功したためしがありません」

私は彼の深夜アニメ好きっぽい顔を見逃さなかった。

「貴兄の性能は十分です。適齢の女性を探しましょう」

若すぎる雌は卵巣の機能が未熟であり、雄の本質を見抜けないのである。ついでに言うと、繁殖適齢を過ぎた女性は男の筋肉と脂肪の区別がつかない。雄の生殖能力に興味がなくなるからだ。「先生の筋肉スッゴ！」と言うのは若い人だが、対して「先生はデブになったねー」と笑うのは決まって年輩の女性だ。

男性はハッとした顔で言った。

「先生は鋭いですね。僕は少女っぽい女性が好きなんです。そして長い髪に惹かれます」

「雄が雌に求めるのは若くて妊娠しやすいスペックですが、若すぎる相手は精神が未成熟ゆえに受け入れてくれませんよ。レディースコミックを読んでヒョロい男に憧れるような女子はダメです。長い髪は長年にわたって健康だったという証拠だから惹かれるのはＯＫかな」

「ではどんな女性を誘えばよいのでしょうか」

「25歳のヘソ出しルックの女性です。あなたに会う時に結った髪を解いてみせたら脈ありです」

「ずいぶんと具体的ですね」

「結婚適齢期の女性がヘソを出していたら、『私のウエストはこんなにくびれているから卵子だって若いんですよ〜、しかも他の雄の子を孕んでなんかいませんよ〜、病気をしたことがないから髪もこんなに綺麗ですよ〜』と叫んでいると思ってよいのです」

「先生、そんなことを言うと全人類の女性を敵に回しますよ！」

「だってそうなんだもん！」

生物は生まれて生きのびて育ったら交尾して子孫を残して死ぬ。己の遺伝子を未来に継続させるのが全ての生き物に共通する願いであり、限られた時間を必死になって生きる理由でもある。人間の皆さんも例外ではなく、生物圏の中に人間圏が内包されている以上はこの掟から逃れることはできないし、自分は違うと思っていても知らないうちにそうしている。

皆さんは生まれた時には既にヒトであり、ヒトとして育ち今に至っている。そしてヒトであることを当たり前と思い、ヒトの世界での決まりごとが全てと信じ、ヒトこそ最上の生命体であると思い込み、自分が動物だということすら忘れているように見える。

当たり前のことだが、ヒトは突然現れたわけではない。皆さんが今生きているのはご両親がいたからで、そのご両親もそれぞれの親によって生まれた。時代を遡れば現代人は原始人に、そして猿人に、もっと時間を逆行するとサルになり、原猿類になり、食虫目の何かになり、途中をかなり飛ばしてさらに大昔に戻ると肺魚のような魚になり、ナメクジウオのようなものになり、最後には単細胞の微生物に辿り着く。だからタイムマシンで38億年前に行き、ご先祖様に会ったとしても、それは人間ではなく顕微鏡でしか見ることができない小さなバイキンのような生き物の一種なのである。

こういった基本的な進化の歴史はどの動物でも似たようなものであり、つまりヒトもイヌもブタも生命体としては同格であって命に貴賤はなく、やっていることは皆一緒だ。だから人類の悩みのほとんどはその根源に生殖の要求があるのだ。決して人間特に女性をバカにしているのではないことをおことわりしておきたい。

大柄な女性がシンガプーラの仔猫を抱いてやってきた。

「この子は食欲旺盛でこのままでは育ちすぎてしまうのではと心配です」

「シンガプーラは環境による選択淘汰で小型になった品種ですが、大きくなる子もいますよ」

「女の子だし、そうなったら価値がなくなります」

女性は高身長を隠すように猫背気味になりながらそう言った。

「大きくてもいいじゃないですか。小さい男の子と結婚させればちょうどよい大きさの子が生まれますし」

　女性は驚いた顔で言った。

「小さい男の子は大きい女の子を嫌いませんか？」

「むしろ好みます。生き物は次世代で普通になるような結婚相手を選ぶのです」

　女性の表情が明るくなった。

「実は……」

　ほらキタ！　人生相談の時間です。

「私は身長が１７５センチもあってコンプレックスがありますが、男性の身長は気にしたことがないんです」

「むしろ小さい男に魅力を感じませんか？」

「はい」

「それでいいんです。ペタ靴を10センチのヒールに履き替えて背筋を伸ばし、計１８５センチになって堂々としましょう」

　生物は自分の突出した特徴を次世代で埋め合わせる異性を求める。つまり小さい男性ほど大きな女性を好む。実際に食品会社の社長をしている私の後輩は１６０センチ程度の身長であるものの、５人いる奥さんたちは全員１７０センチを超えているのだった。

スーパーカークラブの華やかなパーティは高級ホテルのスイートで行われる。年上のメンバーに「来い」と言われれば、犬の性質を持つ私は行かなければならない。私の場合は貢物を渡して挨拶をしたら窓際のテーブルで犬のように肉料理を食べるだけなのだが、そこでは招待された経済的に余裕のある若社長たちのために抜群の美貌を持つ超絶美女たちも呼ばれていて、事実上のお見合いパーティになることが多い。若社長たちが健康でエサ取りが上手い雄なのは明白だが、頭の中身は外からではわからない。

美女たちの男性陣への質問が一様に卒業大学であることに気が付いたヒトザル研究家の私は、大いに興味をそそられた。結局のところ一番良い大学を出た男性がモテモテだったが、その外観は標準よりかなり下だった。つまり外観にも健康にも恵まれている美女たちにとって、欲しいものは自分たちにはない頭の良さだけだったのだ。

私はシンガプーラの高身長女性に言った。

「貴女も仔猫も思い切り伸びてそのカッコ良さをアピールしてくださいね！」

毎年夏になると若い獣医学生たちが私の病院に勉強にやってくる。様々な相談を受ける前に私は彼らに必ず尋ねる。

「ネエ君、動物は好きかい？」

返事が「ハイ」であることは想像にたやすいが、意地悪な私はごく初歩的な質問をしてみたりする。

「犬が夢を見て寝言を言うの知ってる？」

「知りません」

「動物が好きなのにそんなことも知らないの？　私は3歳の時に知ってたよ」

「すいません」

「どうして獣医になろうと思ったのさ？」

「先生のようにビッグになりたいんです」

「というと？」

「大きな建物で、人をたくさん使って、いいクルマに乗って、まるでライオンみたいな……」

「俺は獅子ではなく犬だよ。みんなにやれと言われたことを泥まみれになってやる犬だ」

「いえ、そんな……」

「犬なんだよ！　犬サイコー！」

私は若い彼らに説いて聞かせた。

「良い雌を獲得するために良い生活を求めるのは君たちの生物としての本能だが、自分の欲望を優先する仕事は死事といって皆に嫌われるよ」

「は？」

「自分を犠牲にして人が求めることをやり遂げれば褒美が貰えるんだよ」

「はい……」

「お金を追いかけるなということだよ」

「はい……」

「ビジネスだと思うな、正義を目指せ！」

「はい……」

「気合いだー！」

「はいいい～！」

「とにかく動物を好きになりなよ。それと犬サイコーだから！」

若い彼らには厳しい問答だったが別にお客様じゃないし。でもきっと私と話したことで良い結果が出るはずだ。知らんけど。とりあえず悩める相談者たち全員に輝ける未来あれと願う私であった。

風の蘭姫

時は江戸時代、ここは東の都より西に数百里離れた深山である。辺りは初夏のむせ返るような緑と土の匂いに満ち、永きにわたって齢を重ねた樹々がうっそうとそびえている。道すらなく、滅多に人の立ち入らないこの地に夜の帳が下りて漆黒の闇が辺りを包むと、日中は身を潜めていた獣や虫たちが一斉に動き始めるが、夜霧が木々の葉をしっとりと濡らす頃には、真っ白で大きな満月が山々の峰から昇り、夜風に押された薄雲の合間からその姿の全てを現して、森全体を煌煌と照らすのだった。美しい夜の始まりである。

森の中で最も高くそびえる粗樫《あらかし》の梢には、本体とは明らかに異なる尖った葉が繁茂していた。長く白い根を這わせて老木に活着するそれは悠久の時間をかけて地面の土と決別した着生蘭、風蘭《ふうらん》の群生である。

彼らは常緑の高木を住み処とし、木漏れ日と樹表をつたわる雨水、そしてそれに含まれるわずかな養分を糧として長い時間をかけて育つ。それは数ある蘭の中でも特別な存在であり、肥沃だが俗に満ちた地面を捨て去った潔く風雅な一族ともいえる。

よく見ると、月光を受けてひときわ光り輝く株がある。緑一色が基本の彼らの中にあって遺伝子の突然なる変異により、その剣のような葉が派手な斑入りとなった個体だ。高所に鎮座して山の清い風を受ける姿は、まさに深山幽谷の姫と呼ぶに相応しい気品を醸し出していた。蘭姫は言った。

「心地よい夜じゃ、今宵、妾《わらわ》は一花咲かせようぞ」

そして、前年の秋からゆっくりと下拵えしていた花芽の先端をゆるめ、可憐な白い花の封印を解いた。辺り一面に高貴で甘い芳香が立ち込めて森の生きとし生ける者たちが沸き立ち始めた。

「姫が御開帳しあそばされたぞ」

「見事なものよ喃《のう》」

先ず最初に現れたのは、甲虫の中でも飛翔能力が抜きん出て高いカナブンだった。黄金色の鎧を輝かせながら甲虫らしからぬ身のこなしで木の幹にふわりと着地すると、鼻息荒くにじり寄った。

「姫、我こそは輝き丸にて御座候」

しかし蘭姫はカナブンの顔を見てひどく立腹したのだった。

「してそなたはかような口で何をすると申すのじゃ。ええい汚らわしや、近寄れば妾は己の舌を嚙むぞよ、去《い》ね」

風蘭の花は特殊な形状をしていて、花弁の下に突出した距《きょ》と呼ばれる長い管の中に蜜が存在し、ほとんどの昆虫の口器には適合せず、しかもその華奢な花茎は虫に乗られると折れてしまうほど細い。

「妾はふしだらな女とは違うのじゃ、誰でもよいというわけではない」

この後も様々な強者たちが挑んでは玉砕した。姫は気高く気難しいのだった。

やがて夜も更けた頃、丸い月を背景に真一文字にやってくる何かが見えた。その影は無音俊速で姫に近づくと、羽を高速回転させ空中にぴたりと静止して物静かに言った。

「姫、拙者はスズメガの雀丸と申す者でございます」

蘭姫は喜悦の声をあげた。

「そなたを待っていたのじゃ、くるしゅうないぞよ」

雀丸は姫に乗ることも揺さぶることもせず、相変わらず空中に定位したまま3寸にも及ぶ異様に長い口吻を伸ばして言った。

「いざ、仕《つかまつ》る」

風蘭の受粉は高木に到達できる飛行能力と、長い口吻の二つを備えたスズメガに依存する。この特化した植物は彼らを呼ぶために夜間になると昼間の7倍もの芳香を放つという。

文化文政時代、天下泰平の世は裕福であり、綱紀も緩み、町人階級の文化が栄えた時代でもあった。喜多川歌麿や葛飾北斎が出るなど江戸の芸術も爛熟し、盆栽をはじめとする園芸も盛んに行われた。時の征夷大将軍の徳川家斉は大の趣味人であり、葉変わりの風蘭の収集に夢中だったという。将軍が風蘭好きならば諸国の大名や旗本にもその影響が出るというもので、やがて上級武士の間で大流行が巻き起こった。

ある日のことである。猟師が山で珍しい風蘭を採ったことを三一侍《さんぴんざむらい》に伝えた。

「お侍様あ、いかがなさいますかあ」

こういった貧乏侍は帯刀しているものの身分は町人と同等であり、深山に入って獣を狩る人間が珍品を売るのにちょうどよい窓口だった。

「どうれ、見せてみよ。うむ、これは上物である喃」

それは深山の蘭姫だった。

「ひかえおろう下郎、妾が身を任せるのは雀丸殿だけじゃ。舌を噛むぞ」

姫が上品な覆輪《ふくりん》の葉を震わせていくら叫んでも、人間の侍には無駄である。

やがて蘭は御家人の手に渡る。しかし彼らは1万石未満の階級であり、馬に乗ることも許されずまして将軍様に謁見することなどかなわない。蘭は旗本に届けられることになった。旗本は思った。

「これを上に届ければ出世のチャンスじゃ喃」

実際に上級武士は配下の侍に蘭を献上させて金子《きんす》を下賜《かし》していた。

かくして大名に届けられた蘭姫は皆を唸らせる程の美貌だった。派手な極黄大覆輪を彩る肉厚の葉は優雅に弧を描いた〝姫葉〟となり、〝軸〟すなわち茎を隠す折り重なった葉の根元は青く、根先は紅玉のように赤かった。ちなみに紅玉とはルビーのことである。風蘭の根の先は血筋によっては透き通った緑または赤に彩られるのだ。

「この木の芸は実に見事じゃ喃」

ちなみに愛好家は風蘭を〝木〟と呼ぶ。また〝芸〟とはその個体の特徴のことである。大名は言った。

「これ爺、早馬を飛ばしてマイフレンドを集めよ。お披露目会を開催するのじゃ」

深山の蘭姫は棒を芯にして固めて作られた中空の水苔《みずごけ》の上に乗せられ、露出した根を隠すように上から長めの化粧水苔を薄く施された。これは過湿を嫌う風蘭の根が腐らないようにするための特有の仕立て方法である。

一式を納めているのは底穴が大きく開けられて通気の良い京楽焼の錦鉢だ。その胴は優雅に丸く艶やかな絵巻が描かれている。さらにその上から鳥獣や人の手から保護するために金の針金で編まれた籠をかぶせられる。頂には両端に房のある高級な組み紐を結んだ装飾まである。蘭姫は言った。

「ああ良い風が通って気分が良い。妾は満足じゃ」

大名の屋敷に身分の高い侍たちが続々とやってきた。これより正装にて着座し神妙な面持ちで鑑賞会を嗜むのだ。侍たちは順番が来るとおもむろに懐紙を取り出して口に当て、木に息がかからないようにした。これは刀剣を拝観する時と同じ作法である。皆が次々と賛辞を呈した。

「素晴らしき木にござるな」

「天から賜りし天賜宝《てんしほう》でござるな」

「でもよく見ると、ヒラタカタカイガラムシが付いてござるな」

「しっ、それは見なかったことにするのでござる」

「あいわかったでござる……」

大名が言った。

「儂《わし》はこれに月夜咲姫と名付けようと思う」

「さっきから葉っぱに姫姫と連呼して、このエッセイの作者も含めてヘンタイっぽくござるな」

「しっ、聞こえるでござる、ヤバいってば」

「重ね重ねの御忠告かたじけない……」

どうやら蘭に興味のない者もいるようだ。大名が続けた。

「ここにお集まりいただいた仲良しの諸兄に提案がござる。以降カッコいい風蘭を〝富貴蘭《ふうきらん》〟と区別すれば素敵だと思うのだが如何に」

「おお、それはグッドアイディアでございまするな」

その後も〝富貴蘭趣味〟は廃れることなく続き、品種ごとに名前が付けられた。たとえば、文久年間に伊勢の松坂城の石垣に生えているのを左官屋が見つけたものは〝御城覆輪《ごじょうふくりん》〟、逆光で葉を見ると星のように点々とした透かしが入っているものは〝金光星《きんこうせい》〟、簾越しの影の美を感じさせる高貴な雰囲気のものは〝御簾影《みすかげ》〟などで、こういった味わい深い名前があるのも富貴蘭の魅力の一つである。

またその数は未登録種を含めると200を超え、明治6年には相撲のそれに倣った「番付表」がつくられ、76年前からは日本富貴蘭会より毎年発行されて愛好家たちによる各品種の人気の参考となっている。

ここで注意したいのは、特別な風蘭である富貴蘭の品種は人の手による人工的な改良種ではなく、その全てが自然界における突然変異であることだ。しかも種子から育てるのは至難の業であり、したがって繁殖はもっぱら「株分け」に頼るしかない。

一年でたった2枚の葉しか育たないほどに生長が遅いこの蘭は、当然のことながら簡単に株が出るわけでもなく増やすことが難しく、じれったいことこの上ない。特に〝芸〟の特殊な希少品種に関しては遺伝的に虚弱なこともあり、それが顕著だ。

したがって品種によっては大変に高価なこともあり、明治10年に銘品を金1000円也で買ったお大尽もいたというから驚きである。この時代の1円は現在の2万円に相当するのだ。現代においいても道を究めてしまった趣味人の垂涎の対象となっている〝羆《ひぐま》〟などは高級外車よりも遥かに高額である。

私は1998年からこの趣味を始めて現在に至っているが、今のところ番付表による〝別格貴稀品〟には魅力を感じず、その時のフィーリングに合った個体を買いつけては育てている。最近は〝神風《じんぷう》〟を手に入れた。

これは〝御簾影〟から変異して派手な萌黄覆輪に転じたものと言われているが、詳細は不明である。登録は昭和6年だという。人気がないので比較的安価だが、探してもなかなか出てこないので珍品でもあり大変に気に入っている。値段が高ければ良いというものでもないのだ。

富貴蘭は特に安いものなら数百円ほどで手に入るが、株分けしたての小さな個体は避け、できることなら3万円以上奮発してポピュラーな品種の成株を買うことをお勧めしたい。100年生きるこの蘭は一生の付き合いになるし、とにかく生長が遅いので小さな株を買って育ててもなかなか花を咲かせない。基本的に葉を見る植物なのだが、やはり毎年初夏には花と芳香を楽しみたいので、時間を買うと思えば安いものだと思う。

明治維新の動乱や昭和初期の戦争の時代をくぐり抜けて200年以上の歴史を持つ富貴蘭は、西洋の派手な花や珍奇植物のブームに押され今やほとんど見向きもされないが、渋い魅力にあふれたその伝統は一部の愛好家たちによってしぶとく維持されている。

「生きるか死ぬかの長期入院を終えて我が家に戻ると、作棚の植木は全部枯れてしまっています。でも富貴蘭たちだけは生き延びていて、いつも笑顔で私を出迎えてくれるのです」

古典園芸店で知り合った老紳士の話が心に残った。

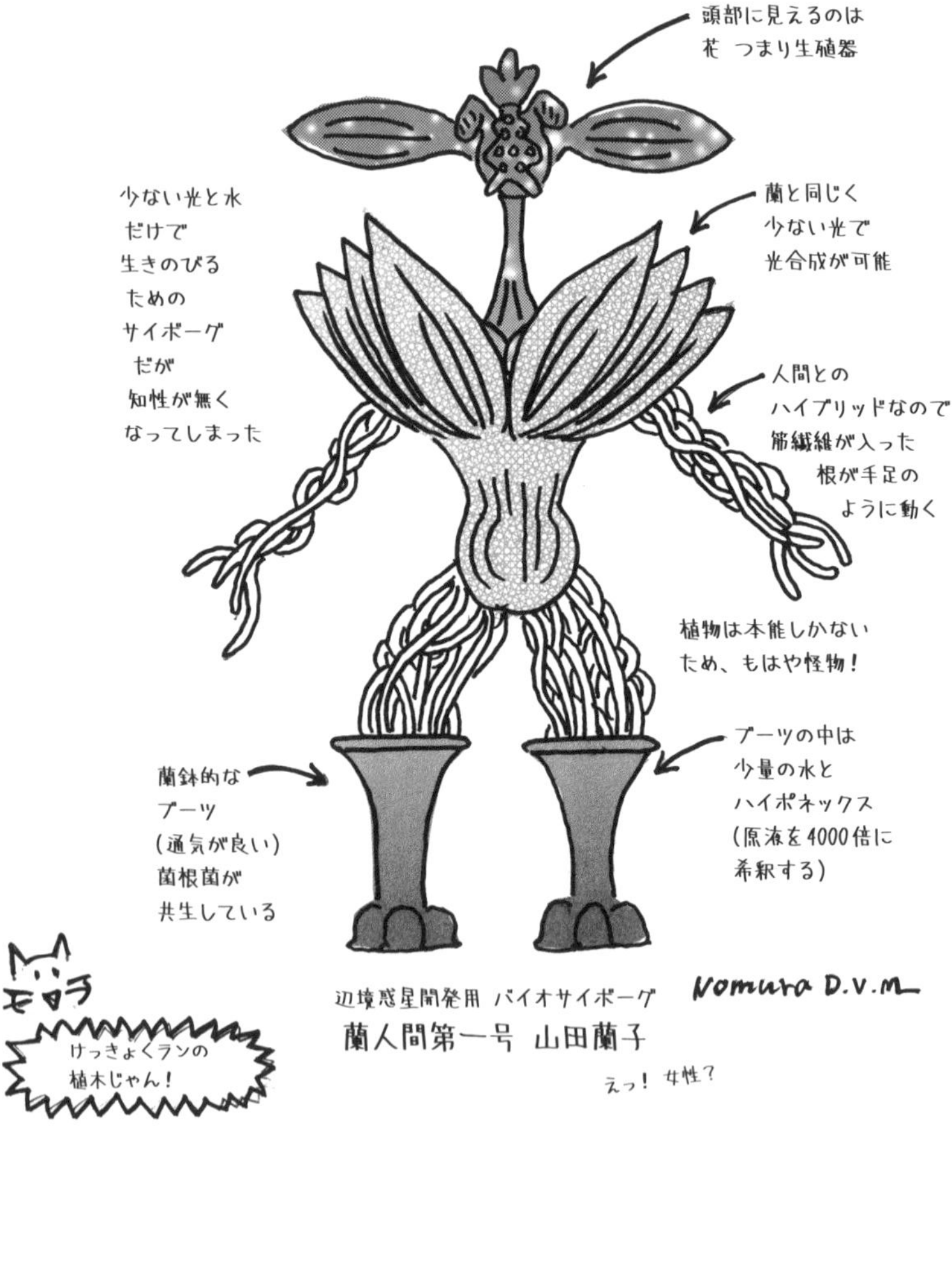
頭部に見えるのは
花 つまり生殖器
少ない光と水
だけで
生きのびる
ための
サイボーグ
だが
知性が無く
なってしまった
蘭と同じく
少ない光で
光合成が可能
人間との
ハイブリッドなので
筋繊維が入った
根が手足の
ように動く
植物は本能しかない
ため、もはや怪物！
蘭鉢的な
ブーツ
（通気が良い）
菌根菌が
共生している
ブーツの中は
少量の水と
ハイポネックス
（原液を4000倍に
希釈する）
辺境惑星開発用 バイオサイボーグ
蘭人間第一号 山田蘭子
Nomura D.V.M
えっ！ 女性？
けっきょくランの
植木じゃん！

ここ掘れわんわん

病院の駐車場に、音もなく黒塗りのロールスロイスが滑り込んできた。駐車枠を完全無視して通路のど真ん中に停車した巨大な車両から、今時珍しい制帽に背広姿の運転手が素早く先に降りて一礼し、白手袋で後部座席のドアノブを開錠する。

降車した高級スーツに身を包んだ逞しい男性は、実はかなりの老人である。肩まで伸ばした白髪と旧千円札の伊藤博文のような白髭をなびかせ、鋭い眼光で周囲を一睨すると、何かに納得した様子でピカピカに磨きあげられたステッキをぶんぶんと振り回すのがいつもの習慣だった。

拝謁した誰もが首《こうべ》を垂れて手を合わせたくなるその威容。ド派手かつ厳かに来院したこの風格満点の老紳士は、我が病院の数多い患者の中でも一二を争う大金持ち、仮に立花勘兵衛氏としておこう。

「先生、太郎の便を持ってきたよ。また血便が出てフラフラになってるよ」

彼の愛犬は最近ではあまり見かけることがない鉤虫《こうちゅう》に感染していた。この寄生虫は腸の粘膜に鉤を食い込ませて血を吸うため、犬は失血し放置すれば死ぬこともある。

「検便しましたが、また鉤虫の卵が検出されました」

老紳士は肩を落として言った。

「では、また虫下しを出してください」

「何度も言うようですが、ご自宅の庭の土壌が鉤虫卵に汚染されているため、そちらの対策をしないと堂々巡りのままになります……」と私。

「そう言われても……」

彼はため息をつきながら懐から継ぎ接ぎだらけの〝古い靴下〟を引っ張り出し、それに入っていた小銭を勘定して代金を支払った。靴下が彼の財布だった。大正に生まれて、昭和の初めに上京し苦労を重ねてきた彼は、ケチ根性が染みついているのかもしれない。

上に向けた手の平を揺さぶりながらお釣りを催促するその様子を見て、私は「重症ですな……」と心の中でつぶやいた。


数日後のことである、立花老人の次男だと名乗る初老の男性からの電話を受けた。

「うちの父に何を焚きつけたんですか。こちらは迷惑しています」

私の精神は犬のそれなので感情指数が高い。だから音声信号の微弱な波動の中に人間の本性を見出すことができる。うん、怒り1割、焦り9割か……。

「うちの父は所有している広大な日本庭園にブルドーザーを入れて更地にしてしまったんですよ！　どうしてくれるんですか！」

「ああ、ケチケチして渋っていたのに、とうとう決心したのですね」

「父は１００歳近くで老い先短いのですよ。犬がどうとかで今さら大それた工事をして……いくらかかったと思っているんですか。庭木や錦鯉だけでも数千万円の価値があったんですよ！」

ああなるほどそういうことか……。私は感情の割合の理由に納得したのだった。

その日の夕方、立花氏が再び病院を訪れた。今回は高校生くらいの女の子と一緒だった。

「先生、思い切って庭をつぶして土を全部入れ替えたよ。おかげさまで太郎の血便はケロリと治ったよ」

しわくちゃの顔は怒っているのか笑っているのか相変わらずよくわからないが、心なしか鋭い眼光が穏やかになっている。

「それはよかったですね。でも息子さんから費用が莫大だったと苦情の電話が入ってとても嫌でした」

私がそう言うと、

「ああごめんよ。本妻の息子は3人だが、みんなもう還暦で孫がいるんだよ。私の遺産を巡って骨肉の争いをしている醜い連中だよ。だから私が金を使うのを快く思っていないんだ。でもそろそろスッキリさせるよ」

女の子が言った。

「茜《あかね》と申します。先生に会うと父は元気になるんです。その理由が今日わかりました。動物みたいな人だって聞いていました。ホントにそうですね」

「それって褒められているのかな……え、お嬢さん？」

かんらからから！　と高笑いをしながら老紳士が言った。

「私が今愛しているのはこの子と太郎の二人だけだよ」

あとで聞いたことだが、その子は彼のお妾さんだった元芸者の女性が産んだ子だという。大邸宅で優雅に暮らした母親は既に亡くなっている。

しわくちゃの顔は今度は確かに笑顔だった。それにしても一体何歳で子作りをしたのだろうか。気になった私は念のため二人の顔と〝体臭〟を再度確認した。確かにDNAが一致していた。紛れもない父娘であった。ちなみに私の経験からいうと、〝父親が違う〟と思われる子供は10人に一人くらい存在する。女性にとって人間社会で生きるために必要な男と、生物として本能が求める男とは別なのだ。人間の世界も色々と大変だと思う。

さて、読者の皆さんはこの後に何が起こるか何となく予想が付いているはずである、そう、大金持ちのマッチョ爺さん立花氏が突然亡くなったのである。噂では腹上死だったという。

人間を含む全ての生物は、生まれて育って、生き延びたら交尾して子孫を残して死ぬ。結果、肉体の寿命が尽きて灰になっても、ＤＮＡは次世代に受け継がれる。ＤＮＡこそ生き物の正体であり、個体はＤＮＡのタクシーの如きものであるといえる。

つまり未来にＤＮＡが生き残っていさえすれば、その個体は死んでいないと考えてもよい。だから己のＤＮＡを合体させる相手は非常に重要で、男は沢山の畑にタネをばら蒔いて可能性を増やしたいし、女は己の畑に蒔かれるタネを慎重に吟味したい。

立花氏は本妻に蒔いたタネの出来が悪いと感じたから、お妾さんに茜ちゃんを産ませた。その仕上がりが良かったので、きっともう一人出来の良い息子でも欲しかったのだろう。しかしハッスルしすぎてしまった。

そして金持ちだったのにケチだった理由だが、これも子孫が生き延びるための蓄えを死守していたからだと推測している。昆虫の一種でさえ、子のためにエサを残すのだから、カネがモノをいう人間圏の中だけで勝負をかける生物＝人間ならば当然かもしれない。彼は財布や靴下など自分だけが使うものは徹底的に節約し、家や土地などの資産を残そうとしていたのではないだろうか。

ロールスロイスや上等なスーツは赤の他人と付き合って利益を生むための舞台衣装のようなものと思われる。パジャマのまま歌う演歌歌手はいない。

「相談があります」

ある日茜ちゃんが訪ねてきた。

「先生は貧乏人から自分の力で這い上がったから、他の人たちみたいにガツガツ貫いたがらないし、動物みたいだから信頼できます」

「うーん、今回も褒めてくれているんだよねー？」

彼女は続けた。

「父の遺言状についてですが……」

「なんて書いてあったのかな～」と実は興味のない私。

「そこには『全財産は茜と太郎に託す、茜の意志で皆に分配しても良い』とありました」

聞けば、それを見た親戚が逆上して「父は呆けていたから無効だ」と主張し、弁護士の制止を振り切って、その場で破いて燃やしてしまったのだという。

「あー、それってよくあることだよ。でもいいじゃないの、君は頑張り屋のお父さんと綺麗なお母さんの遺伝子をもらって今を生き、未来があるのだから」

「親戚たちは今、遺言状を燃やしてしまったために相続に必要な書類のありかがわからなくなり怒鳴り合ってもめてます」

「アハッ……いい気味じゃない」

「馬鹿な人たちです」

しかしこの事件はまだ終わらなかった。程なくして爺さんの親戚たちから私に手紙が届いたのだった。

「故人の遺品の整理をしています、つきましては以下の目録の中から希望の品をお買い上げいただきたく思います」

何だかなあと思いつつ読み続けてみると……ロールスロイス、掛け軸、舶来クラシックカメラ数点等とある。

はっきりいって、ロールスロイスは新車で買ってそれを長く維持するのが本流であり、中古になると二束三文なのが現実だ。掛け軸は興味なし。クラシックカメラは昔からの趣味なので一応目を通すものの、たいしたものはなかった。

唯一1960年代に製造されたフランス製のFOCA《フォカ》社の革ケース入りアウトフィット（道具一式）が目についたので、少しでも茜ちゃんに配分が行くことを願い、彼女を通じて買うことにした。100万円の希望価格だったが相場を知っていたので、多少色を付けて30万円で引き取った。

クラシックカメラの中でもライカ、ローライ等の銘機は現代の退化した技術では再生産できない物もある。FOCAは普及品だがフランス人がライカに対抗してレジスタンス的な思想の中で作ったカメラであり、古き良きフランスのエスプリが香る。

そういえば、クラシックカメラには実際に匂いがある。それを生涯にわたり愛した故人の人生の匂いだ。療養の薬の匂い、勤労の汗の匂い、戦争の血の匂い。その中でも幸せの匂いが最上級で、そういった個体ほど年式の割に状態が良い。爺さんのＦＯＣＡからは涙の匂いがした。

機体を確かめている時に私は小さく「アッ！」と叫ぶことになる。フイルム室の中に撮影済みのフイルムが残されていたのである。

どうしようかと迷った挙句、茜ちゃんに返却することに決めた。勝手に現像して爺さんの情事でも写っていたら困るからだ。この時点ではこのフイルムの存在が更なる混乱の原因になるとは夢にも思わなかった私である。

しばらくして連絡があった。

「フイルムのことで大変なことになってます。現像してみたら日本庭園を更地に戻す工事現場が写っていて、最後の数枚に深い穴に落とした木箱の写真があって……」

「どこかに木箱を埋めたということだね」

「権利書や貸金庫の場所を書いた紙が入っている可能性がありますよね？」

私はピンときた。

「ちなみに太郎は写っていたかな？」

「はい、写っていました」

「それなら話は早いよ。場所は太郎に聞きなさい」と私。

しかし茜ちゃんの答えは私の期待を裏切るものだった。

「太郎はもういません。一緒に暮らしている彼が犬嫌いなので、保護施設に出したのですが死にました」

ああ、何ということだろう。この娘《こ》だけはまともだと思っていたのに。

「お父さんの太郎をそんな理由で手放すなんて、茜ちゃんもみんなと一緒だね」

「私どうすれば……」

「犬を捨てる人なんかに協力はできないよ。永遠にさようなら」

そういって私は電話を切った。

一族は今日も広い更地を掘り続けているのかもしれない。たぶん木箱の中には大切な書類などは入っていないだろう。爺さんの恥ずかしい写真や恋文などが水を吸い土壌細菌に分解され、永遠の眠りにつこうとしているだけだと思う。この世で一番の「Q」は人間の心なのかもしれない。

ビクター――5代目ドーベルマンの真実

初夏を感じさせる6月の午後、自然が豊富なブリーダー宅の中庭でドーベルマンの仔犬たちはすやすやと眠っていた。親から離すことができる日齢に達したらそれぞれが新しい家庭での生活を始めることになるのだが、一匹だけ行き先が未定なのだという。

「隅にいる黒くて小さいのがそうです」

御主人が言った。

「かわいいですね」と顔がほころぶ私。

「最初に売約をかけていただいた人が途中でキャンセルしたのです」

「ドーベルマンに精通している方だったのですか?」

「いえ、ワンルームマンションに住んでいて、しかも犬を飼うのは初めてだというOLの方でした」

「並々ならぬ覚悟があるのなら不可能とは言いませんけどね」と私。彼は続けた。

「実はその人に〝母犬を抱えて持ち上げてみなさい〟と言ったのです」

「何だか古代人の所有地の割り振り決めみたいですね」私は少し笑ってしまった。

真偽は定かではないが、大昔の村の長は各人に石を投げさせて落ちた場所までをその人の農地と認めたという話がある。土地の広さと持ち主の耕す力を釣り合わせるためだという。

「重いし、犬だって抵抗しますから入門者には酷でしたね」

「でもすぐに理解していただけたので、第二候補のトイプードルを扱うブリーダーを紹介しました」

「随分と違うけれど、この場合は選択肢としては正解ですね」と私。

昔と違って最近の繁殖家は、金さえ払えば誰にでも仔犬を売るわけではなく、何かと細かく面接をするが、不幸な犬を増やさないためには良い傾向だと思う。特に大型犬は決してファッションでは飼えない。力があるし運動量も多い、もちろん飼育費用も小型犬の数倍かかる。ましてドーベルマンである。

私はこの犬種を愛犬として迎え入れるようになって40年になるので、その特性を十分に理解していると自負している。

ドーベルマンは犬族の特徴の全てを過剰なまでに高めた特殊な犬だ。すなわち賢く勇敢で、飼い主に対しては忠実であり最高の伴侶となる素質があるが、その一方で他人には冷淡で警戒心があり防衛本能が発現しやすく、興奮性で暴走することも多々ある。つまりベテランでないと制御とコントロールが難しいのである。クルマにたとえるならば、70年代のスーパーカーだと思う。

実用性と経済性を完全に無視して性能を高めた70年代のスーパーカーは恐ろしいほどに扱いにくい。有り余るパワーを使いこなす運転技術と自制心が欠落すれば、たちまち反社会的な凶器にもなり得る。また念入りな整備を怠れば、突然火の手が上がり乗り手の命を奪う可能性すらあるのだ。スーパーカー歴30年、今まで常に複数台を所有して三十数台を乗り継いできた私の認識である。

ブリーダーの御主人が言った。

「……というわけで、この子は先生のです」

「嬉しいなぁ、本当に嬉しいなぁ、これが今度の私の犬かぁ……」

とりあえず私は仔犬をよく観察した。よく見ると頭に傷があった。母親の乳首を噛んでお仕置きされたらしいが、これはよくあることだ。

「ん？　他の兄弟たちと違って、寝返りの度にウーウーと唸りますね」と私。こういう子は荒っぽく育つことがある。

「実はそうなんですよ」と御主人。

仔犬は視線の集中を感じたためか起き上がり、何事かと私の顔をじっと見つめた。「あっ！　この子だけ瞳が灰色ですね」

「そういえばそうですねぇ……」

それだけでなく、よく見ると何だか目つきがおかしい気がした。キョトンとしているのである。

正直言って私は「どうやらこの仔犬はちょっとユニークなタイプであるな……」と感じた。見れば見るほど、色々な面で手強そうな予感がしたが、〃縁に感謝〃するのが私流だ。

理想を求めたり、損得を気にしたり、そんな石橋を叩きまくるような生き方では真実の愛は芽生えないと常に思っている。何よりも私の犬に対する愛情は誰にも負けないし、豊富な経験と知識もある。

とにかく4代目ドーベルマンのオスカーを天国に見送ったばかりの私には、何が何でも5代目の仔犬が〃今〃必要だった。私は犬がいてくれるからこそ、「こんな世の中でももうしばらく生きてやろうか」と自分に言い聞かせながら、日々の激務に身を粉にしている。もしも犬がいないならこの世に未練など全くない。つまり犬の存在こそが私の生きる理由なのだ。

生半可な独りよがりの愛ではない。生き物を飼う行為は己の命を削って与えることだ。つまり極上の愛は与える愛なのである。それができて初めて犬からの信頼と愛情を知ることができる。

かくして仔犬を乗せた私のランボルギーニは、その純白の車体に新緑の木漏れ日を受けながらヒメハルゼミの鳴く森を抜け、鉄橋を渡り、ぐんぐんと加速して我らが鉄の城に向かった。

私は仔犬にビクターと名付けた。ビクターといえば音響機器メーカーのマーク「戦死した主人の声を蓄音機で聞いている犬」を思い出す方も多いだろうが、あの犬の名前は「ニッパー」だ。ビクターは先代のオスカーと同じく〝ドイツのありふれた男性の名〟の一つである。

ビクターが私に与えた最初の試練は頻繁な〝お漏らし〟だった。感情が高まるとオシッコをぶちまけながら部屋中を駆け回る癖があったのだ。毎日が床掃除の連続だった。また、歴代のドーベルマンたちはたった半日でトイレの躾を完了したが、ビクターはなかなかそれができなかった。しかもビクターは興奮してはしゃぐと鼻を狙って頭突きをしたり、まぶたを咬んだり、行動がめちゃくちゃだった。

ものを壊されたり、乳歯での甘噛みの痛さに耐えたりするのは、仔犬を迎えた誰もが経験することだが、気遣いが欠落したビクターの予測不能の行動には手を焼いた。

ある日、耐えかねたおかみさんが強く叱りつけた。

「このバカ犬！」

毎日すっ飛んで走り回り、転んだり頭をぶつけたりしてタンコブをつくっても平気だったビクターはこの感情的な叱責に「嫌われた」ことを理解したらしく、その「心の痛み」に悲鳴を上げながら私の元に逃げてきて膝の上で震えた。おかみさんはさらに続けた。

「オスカーはあんなに利口だったのに、この犬はとんでもなくバカだ」

私は「バカと言うな。10年連れ添って完璧になった犬と新米の仔犬を比べるな」とたしなめたが、彼女は「でもこの犬はやっぱりバカだ」と、もう一度捨て台詞を残し、自分の夕食をのせたお盆を持って別の部屋に行ってしまった。仔犬のオモチャがおかずの皿を直撃することが頻繁にあったからである。

ビクターが普通と少し違うのは私も認めていた。一緒の布団で寝ていると小刻みに震えるような発作が出ることもあった。脳に遺伝的な問題があるのかもしれなかった。しかしビクターには何の悪気もないし、あまり良くないかもしれない頭で一生懸命に考えたり喜んだりしているのだ。とにかく私の子になった以上は悲しませたり、さみしがらせたり、苦しませたりは絶対にしない。

ある晩私は歴代のドーベルマンたちが勢ぞろいしている夢を見た。全てにおいてバランスのとれていたリーラが言った。

「おとうさん、大丈夫ですよ」

天真爛漫なオスカーが言った。

「とうちゃん、おいらビクターとあそびたいなー」

濃厚なドーベルマンの匂いの中で息苦しくなり目が覚めた。ビクターが私の〝顔の上〟で眠っていたのだった。私はぼんやりと夢を思い出しハッとなった。

「そういえばビクターには言葉が通じていない……」

翌日から言葉の勉強を始めた。手で口を叩きながら「おとうちゃん」と発音したがビクターはやはり理解していない様子だった。もう一度、そしてもう一度、何度も繰り返した。すると私の顔を見て「オトウチャ……」と反復する声が頭の中で聞こえた。歴代の子供たちと同じように、今ここに犬・飼い主相互テレパシー通信が開通したのだった。

「そう、そうだよ。お利口だね。おとうちゃんだよ」

「オトウチャ！」

喜んだビクターはボールを咥えてきた。

「オトウチャ、ボール？」

「そうだよ、それはボールだよ。ポーンしよう！」

院長室は南北に8メートルの距離がある、まだ小さなビクターは投げたボールを持ってくる遊びに夢中になった。往復で16メートル、それを飽きもせず100回繰り返した。普通の犬は適当なところで自分からやめるものだがビクターは違った。合計1600メートル……生後3か月の仔犬の運動としては過剰である。

この日からビクターはボール投げが大好きになったが、ボール自体には執着心がなかった。私は思った。

「ビクターがこの遊びをやめないのは、きっと私と何かでつながっていたいからだな……バカな子だってそれなりに考えるのだ。」

ある日のことである。どうせ無理だと思いつつおふざけの一つとして基礎訓練を教えてみた。「紐無し脚側行進《きゃくそく》」である。これはリードなしで飼い主の左側をぴったり付いて歩く科目だ。「あれ？一発で覚えた。右折左折、転回もできる！」

次は「招呼《しょうこ》」だ。まず対面して待たせる。呼んだら飼い主を半周して同じ方向を向いて左側面に付いて座る。「おっ、これもすぐに覚えた……」

私はビクターの思わぬ才能に驚かされた。

「オトウチャ、タノシイネ！」

「天才か！」

人間の場合、少しユニークに生まれた人は絵画などの特定の才能に長けていることがあるが、その類にも見えた。そして自分を一番愛してくれる私とのつながりを実感できる数少ない方法に一生懸命に応えようとする一途さがあった。そのくせひどいイタズラはなかなか直らなかった。

寝る前に毎日熟読する高価な専門書を全て紙吹雪にされた時は「ここまでやる犬は初めてだ！」と声を出して叫んだ。これも私の気を引くために違いなかった。きっとビクターにとっては勉強も遊びもイタズラも同じなのだろう。

頭の中身はわけがわからないが、一方で身体の成長速度はすさまじかった。外観くらいは一人前にしてあげたかったので、何かにつけて栄養を摂らせた結果だろうか。

「大きくなれ〜、もっと大きくなれ〜」

そう言いながら美味しいものを口に入れてやっては、撫でまくる毎日が続いた。ビクターは歴代のどの犬よりも発育が良く、1歳で50キロになり、2歳で60キロ、3歳の現在では65キロになった。ドーベルマンの雄は5歳で完成するが、このままでいくと70キロになるかもしれず、それはもう規格外の大きさと言ってよい。

最近は毎日の運動で筋肉がモリモリ付いてきた。顔だちも素晴らしく、相変わらず目つきがちょっとアレではあるものの、こんなに美形の犬は滅多にいない。

そんなデカくてイケメンでマッチョになったビクターだが、おかみさんはやはり今でも「けれども頭の中身がねえ……」と言う。確かにビクターは今までに経験したことがないドーベルマンで扱いにくさがあると思う。しかしなぜか〝私にだけ〟は常に従うので、これはもう爆発的に可愛いのであった。

Nomura D.V.M

強者《つわもの》どもが夢の跡——大型熱帯魚の時代

午後5時になった、今日も力いっぱい働いた。夕方の涼しい風が頬を撫でる。

男は腰にぶら下げた手拭いで顔の汚れを拭きながら、鳶の日当5万円を受け取ると、仕事着のまま通勤用の原付にまたがった。ニッカポッカをはためかせながら、夕暮れの道路渋滞を縫うように走るその姿はどこか嬉しそうだ。仕事の後は行きつけの熱帯魚屋に向かう。それが彼の日課だった。

店に入ると、新着の大型魚がいないか全ての水槽をチェックする。先ほどから中央に鎮座する大水槽に美しいアロワナが泳いでいるのがちらちらと視界に入るのだが、大好物に直行でアクセスはしない。あえて自分を焦らし、燃え立たせるように隅から順番に進むのだ。生物学的意味は不明だが、これは成熟した人間のオス特有の習性だと思う。

男の着古したジャンパーのファスナー付きポケットは異様に膨れていた。厚い札束が常駐し、その出番を待っているのだ。熱帯魚趣味に夢中になってからは酒も女もギャンブルもほどほどになったので、金は貯まる一方だった。高額なサカナが入荷していた場合、サッと買えるように現金をいつも持ち歩いているのである。そもそも男性は、代金の用意もなくショーウィンドウを眺めてまわることはしない。

「スーパーレッドアジアアロワナ……値段は300万円か。少しだけ足りないな……」

男はため息をついたが、落胆している様子はなかった。即座に仕事を増やす決意をしたからだ。水槽に集中するあまり隣の客と強く接触したが、お互いに会釈して事なきを得る。見れば自分とよく似た風体をしている。実は大型熱帯魚の愛好家は圧倒的に建築関連の職種が多い。

この日はとりあえず家で待つサカナたちへのお土産として、生きた金魚を300匹ほど買うことにした。店員は通称コイ袋と呼ばれる厚いビニール袋に手際よく水と金魚と酸素を入れる。ボンベからシュバッと酸素充填し、ピチパチと輪ゴムを巻く音が耳に心地よい。

一つあたり10キロの水袋を両手にぶら下げて、人の気配のない自宅の戸を足で開ける。

「ただいま」

飼い主の帰宅に気が付いた巨大なサカナたちが一斉に身をうち震わせ、狂ったように鼻面を水槽の壁面にこすりつけながら歓喜の舞でアピールする。

「おっ、エサが来た、おい、こっちだこっちだ。早く来い、エサ兄ちゃん！」

サカナたちは犬のように飼い主そのものに懐くわけではないのだが、このほどほどの距離感がまたよい。男は買ってきた金魚を50匹ほどアミですくって水槽に入れた。愛魚たちが大きな口で金魚を丸呑みする音は、バコン、バコン、と水槽の外にまで響く。ハイライトに火をつけた男は小さくつぶやいた。

「今日も元気だ金魚が美味い……」

咥え煙草の火に照らされた幸せそうな顔が、柱にかけられた貰い物の髭剃り鏡に映っている。まるで妊婦のように膨れた満腹の腹で、満足そうに水底に沈む愛しき怪物たち。その背中に先の採餌の衝撃ではがれた金魚のウロコがキラキラと降り注ぎ、熱帯魚用蛍光灯の青紫の光が照らす。

「みんな、もっともっと大きくなれよ」

男は紫煙をくゆらせながら今夜も至福のひと時を楽しむのであった。


日本において熱帯魚飼育が一般的になったのは1964年の東京オリンピック以降のことで、諸外国に比べるとその歴史は意外と浅い。当初は大旦那様の屋敷に住み込みで働く女中さんたちが日夜交代で七輪の火を絶やさないように番をして、水槽の保温に努めたという。これが第1次熱帯魚ブームの始まりだった。

飼育される魚の種類はネオンテトラなどの南米産の小型魚が中心だったが、観賞魚といえば金魚が主流だった頃に遥か彼方のアマゾンからやってくる熱帯魚を手間暇かけて家庭で飼うなど、まだまだ敷居が高い趣味だった。

大型熱帯魚が主流の第2次ブームはそれから25年後に始まった。日本がバブルに沸いていたあの頃、日本の男たちはガンガン働いた。オスとして高性能であることを女性たちに示すのに言い訳は無用だった。高級住宅を手に入れ、大型犬を飼い、大排気量の外車を転がすことが、お目当ての女性を獲得する効率的な方法だった。

また、この時代の女性はあらゆる面で魅力的だったので、必死になって働く男性たちの競争心を焚き付けた。今では狂った時代などと揶揄されることがあるものの、今思えば高等生物の進化には必要不可欠の正しい生態ではあった。

しかもこの頃に成人した男性は「男だろ！」と鼓舞されて育っているので、その傾向は著しかった。ヒーロー番組の主題歌の歌詞なども「男なんだろ？　ぐずぐずするなよ」★1と力強く、女の子向けアニメですら甘ったるい女性ボーカルで「男の子でしょ　だからねえ　こっち向いて」★2と男であることの特別性を促した。

男性の勤労意欲や大型魚飼育のような豪快な趣味は、明らかに男性ホルモンの分泌量と比例する。さらにこの時代の男性は幼少期に怪獣ブームの洗礼を受けているため〝デカい、強い、カッコいい〟こそが自分の目指す到達点だった。特にウルトラセブンが使役するカプセル怪獣たちや、バビル2世の三つのしもべなどは〝パワフルなモンスターを制御する〟という男の夢の理想形でもあった。

つまりバブル時代に生きた動物好きの男性にとって、マッチョイズムのド真ん中たる大型魚に興味を持つのは当然であり、怪物的でパワーのあるそれに夢中になっても世間は許容した。それは「男の子なのだからリカちゃん人形より戦車が好きなのは当たり前でしょう」という時代感覚だ。

さて、生物飼育趣味における「大型熱帯魚の定義」には暗黙の了解がある。

実をいうと、熱帯産でなくてもこのカテゴリーに含まれるし、よりデカければエラいというものでもない。一番重要なのはやはり「怪物性」で、本能的に〝只者ではない〟と感じる外観と生態が求められる。そして、これらの魚は大抵「愛嬌」と見方によっては「美しさ」も兼ね備えているが、簡単にいえばウルトラ怪獣的な要素を持った大きめの淡水魚ということでよいと思う。

具体的にはメタリックな輝きのアロワナ類、何でも飲み込むナマズ類、色彩も楽しめるシクリッド類、牙が魅力のカラコロイド類、太古を彷彿させる古代魚類が主流で、その全てが外国産だ。ちなみに日本三大怪魚は、淀川水系のビワコオオナマズ、北海道のイトウ、四万十川のアカメの三者だが、アカメだけは日本産の汽水魚であるにもかかわらず大型熱帯魚のカテゴリーに含まれる。

当時の男性は破天荒だったから飼育にまつわるエピソードも規格外なものが多い。

「肺魚が水中ヒーターを押し上げて火事になり新築の家が丸焼けだよ。ワッハッハ！」と建築業の社長さんが泣きながら大笑いしていた。

もう亡くなったし時効だから書くが、その後に続く話もスケールが大きかった。

「実は3億円で手に入れたジャイアントパンダの子供がいたんだがね。焼きパンダになっちゃったんだよ……」

絶句である。

その頃の私は、ボロいアパートを買い取って日曜大工でリフォームし、今以上に沢山の生き物を飼っていたが、ある日、水槽の重さで家が傾いてしまった。それをクルマ用ジャッキ数十台を使って自力で水平に戻したのである。愛好家仲間にそんな話をすると、次々と出てくる大型魚武勇伝……。

あるオヤジは「あーそんなのはまだいいよ。俺の家なんか倒壊したよ。ぺしゃんこだよ。水って重いんだなってこの歳になってわかったよ」などと宣《のたま》う。

それを聞いた別のオッサンは「倒壊したなら引っ越せばいいじゃん、俺の場合はマンションだからね。タイガーショベルが水槽をぶち破って、階下は大洪水だよ。30年かけて弁償するんだよ……」などと言う。

「うちは一軒家なんだけどさ。レッドテールの体当たりでポンプの配管が外れて、噴水状態になったから、もうどうでもいいや！　と思って子供たちを遊ばせたよ。私設サマーランドだよ」

大きな魚は心をも大きくするらしいが、これを別名ヤケクソともいう。その他にも色々ある。

「生き餌の代金が毎日1万円以上かかるから自分はカップ麺」

「ヒーターやモーターの電気代が毎月数十万円かかって離婚」

「水道代がものすごいことになり、水道局が調査しに来た」

「魚の成長が早いため頻繁に水槽を買い替えていたら、ガレージが古水槽で埋まり、愛車は月極駐車場に置いている」

こういった予想外の散財と災難に見舞われる人もいれば、

「ピラニアに咬まれて20針縫った」

「淡水エイに刺されて2年経ったが指の麻痺が治らず、今もドロボウ指のまま」

「電気ウナギで感電して失神し、陰茎でアースしたため今も排尿時に尿道が痛い」

など、大型魚飼育ならではの怪我をする人も多かった。またワイルドな魚たちだから起こる魚本体のトラブルも頻発した。

「大型シクリッドがケンカして再起不能のボロボロ状態になり、全部死んだ」

「朝起きたらジャウーが同居魚のゼブラタイガーを飲み込もうとしたらしく、咽に詰まらせ共倒れしていた」

「アロワナが水槽に激突して両目と下顎が吹っ飛んだ、仕方がないので焼いて食べたら美味かった」

などである。また大型魚の展示がウリのレストランでの「全長2メートルのピラルクがジャンプして、天井の高さから落下し、家族団欒中のテーブルを真っ二つに割った」という伝説の事故も、マニアの間では有名な話である。

大型魚のブームは過熱した。

毎日のように珍しい種が輸入され、熱帯魚専門誌もこぞって特集記事を掲載した。熱帯魚店が乱立した。バブル東京は地上に展開する銀河のようだった。新宿の摩天楼の窓明かりは消えることはなかったし、24時間営業の店舗が街を昼間のように照らし、真夜中でも買い物客や恋人たちが行き交った。深夜にクルマを走らせている時に、熱帯魚用蛍光灯の光を見つけると胸がときめいた。道にクルマを停め、ドアを開けて店内に入る時のワクワク感は今でも忘れられない。

その後、この趣味に熱中した人たちの興味は徐々に分散した。バブル崩壊直前あたりから始まった爬虫類ブームに夢中になったり、小型哺乳類の飼育に転向する者もいたが、それはいいとして、やはり経済の悪化が、金と場所と気力が必要な大型魚飼育の終焉に拍車をかけたのだと思う。新しい時代の平等教育も人間のオスの染色体の退化を招いた。

私が青春を生きた時代は、割り勘デートやクルマも用意せずに女性を歩かせるなどもってのほかだったが、今の男性はそこまで女性を大切には扱わない。嘆かわしいことである。時代と共に世の中の常識や趣向が変わるのは仕方がないことかもしれない。

だが想像してみてほしい。

少年の心を失わないターザンのような逞しい男が、白い歯を見せながら得意そうな笑顔で案内する男の城。視界いっぱいに迫る巨大な水槽。それを照らす怪しげな青紫の光。

部屋中に満ちた熱気と湿度、そして強力なポンプによる水の音。濾過槽からは炭のそれに似た芳香が漂い、目の前をゆっくりと通過する巨大な怪物魚のその威容！

あるものはギラギラの金属光沢を発し、あるものは極彩色のヒレをゆらゆらさせ、またあるものは水底で獲物を待ち構え、そのどれもが美しく輝いている。

その光景はまるで濃厚な夢の世界のようだが、非現実的なリアルだった。

強者どもが夢の跡、昔々のおとぎ話である。

★1——『宇宙刑事ギャバン』作詞・山川啓介／作曲・渡辺宙明
★2——『ねえ！ムーミン』作詞・井上ひさし／作曲・宇野誠一郎

地球の覇者

頬を心地よく撫でては空高く舞い上がるそよ風は、命の季節の始まりを告げる春の女神だ。冬を耐えた生きとし生けるものたちに、優しい笑顔で目覚めの鐘を鳴らす。閉じたまぶた越しに感じる暖かい太陽は全ての生命の父であり、青空で囀《さえず》る小鳥の歌も、萌える緑の匂いも、この世界の全ては〝それ〟がもたらしたものである。

男は色とりどりの花が咲き乱れる大地に、大の字に寝転がっていた。左肩のあたりには愛犬が丸くなって眠っているが、これを俯瞰すると「犬」という文字になる。

すなわち「大」は安心しきって両手両足を投げ出しているヒトであり、「点」がイヌである。合わせると「犬」となるが、それは二者が揃って初めて成立する〝理想的な人類〟を意味する。「大」がなければイヌは無意味な点であり、「点」がなければヒトは不安げに立ったまま彷徨う「人」でしかないのだ。ヒトがヒトらしくあるためにはイヌの存在が不可欠であるという私の持論ではある。

満足げに眠る愛犬の寝息を聞きながら男は思った。

「俺は幸せだ。これ以上の一体何を望むというのか？」

誰だって世界中で一番の場所はどこだと聞かれれば、母親の膝の上と答えるだろう。これに匹敵するほど本能的に格別なのが、イヌに守られたのんびりした時間なのだ。

「この一瞬がいつまでも続けばいいいな」

男がそう言いかけたその時、突然辺り一面が暗黒に包まれた。激しい雷鳴が轟き、稲妻が走る。

「一体何が？」

驚いて目を開けて起き上がると、今までの穏やかな春の花園の景色は一変していた。目の前に広がるのは暗黒の空と激しく点滅する稲光、そしてそれに照らされる荒れ狂う血のように真っ赤な海だった。海面からは沢山のごつごつした岩がそびえているが、その突き出した岩の一つに誰かが立っているのが見える。古代ローマ人のような古風な服を強風にあおられながら、その〝誰か〟は、男の頭の中に強く響く声で話しかけてきたのだった。

「世界はそう遠くない未来に終焉を迎える」

男は驚き、「あなたは誰なのですか」と問いかけようとしたがやめた。その〝誰か〟の顔はまぶしい光に包まれていて太陽そのものだったからだ。

「お前はあと１００年生きなければならない。犬を絶やさずに次の人類に引き継がせるのだ」

「ええ？　何ですって？」

「お前が歳をとる時間が周囲より遅いのはそのためだ」

「理解できません」

「今の人間がいなくなった空白は、すぐに別の種類の動物が埋める」

「なぜそうなるのですか」と男が問おうとした次の瞬間〝無〟が訪れた。音も光もない世界がしばらく続いた。やがて男は温かい何かを頬に感じた。それは春の女神ではなく愛犬の舌だった。

都会の喧騒、ブラインドから差し込む朝日、いつもの寝室……。悪夢にうなされた男の涙を心配した愛犬がせっせと舐めとっていたのである。


男は犬を抱き寄せながら不思議な夢の意味を考えた。

地球誕生から46億年、それを24時間に換算すると……。

たとえば恐竜誕生から滅亡まで1時間。これはまぎれもない地球の歴史の一部だ。それに対して、サルから枝分かれした猿人の登場から現在まではたったの約60秒……。人類がやっと「農耕牧畜」を開始して人間らしくなってからだと、その時間はなんと0・02秒である。これはあってもなくても大差ない数字であり、どうやら夢に現れたこの世界を創った何者かが現在の結果が気に入らず、その部分をなかったことにする決断をした……ということらしい。自分の脳ではとうてい考えつかないと思われる筋書きのリアルな夢は、何か凄みと現実味があった。

現生人類は確かに地球の覇者である。しかし王者ではない。王者とは〝王道〟により、徳を用いて治政する者をいい、多くは世襲制である。

これを生物界に当てはめて「徳」を「生態系の規律」とするならば、それを守るために存在する空・陸・海の肉食生物たちが王者に相当する。対して覇者は「覇道」により武力や権力で天下を治める者であり、暴力的で下剋上の要素もある。

「生態系の一部に過ぎなかったサルが覇者になったのは、間違いだったのかもしれないな」

それが男の結論だった。まばゆい光に包まれた〝太陽の顔の誰か〟は「犬を次の人類に引き継がせよ」と言った。

何かの動物が人間になるためには「生き物としての獣の部分」を捨てなければならない。天敵の恐怖に脅え、逃げ回りながら狩猟採集でエサを得る生活を続けた場合、肉体の栄養は動物的な視力、聴力、嗅覚、筋力の発達に消費され、またその生命時間も逃走や攻撃ばかりに費やされるため、脳を発達させる余裕がなくなってしまうだろう。現生人類は幸運にも忠実な犬たちの協力を得ることに成功して、生物学的下位であるサルからヒトに成り上がったのである。

「犬が味方に付いたサル」が「ただのサル」より圧倒的に有利なのは想像に難《かた》くない。実際に多くの人類学者は「現在の人類の生物学的地位は犬たちの存在なしでは不可能だった」と結論づけている。

どうやら「世界最古の家畜」である犬たちは、「何かの生き物」が生物圏の覇者になるためには必要不可欠の存在らしい。地球の仕組みに関与していると思われる〝太陽の顔の誰か〟の「お告げ」を冷酷かつ簡潔にまとめると以下のようになる。

「現在の人類を絶滅させたい」

「現生人類の歴史は0・02秒の価値だからなくてもよい」

「現生人類に代わる別の新しい人類に総入れ替えする予定がある」

「次期人類が原始人から文明人になるためには、前回同様に犬たちのサポートが必要だ」

「だからお前はあと100年生きて犬たちを守り、次期人類に託せ」

「そのためにお前の歳をとる時間は遅くしてある」

男はぞっとして愛犬を強く抱きしめた。愛犬はそんな男の心配を知る由もなく、「私がついているから大丈夫ですよ」と再び顔を舐めた。

男は目を閉じて来《きた》るべき世界を想像した。

青い地球が宇宙に浮かんでいる。

ゆっくりと自転しているように見えるが、実は赤道上は時速1700キロのスピードらしい。その地球の軌道上を、まるで渡り鳥の群れのように周回しているのは人類の英知の結晶ともいえる人工衛星群である。

20××年、その中のいくつかがカールツァイス製のレンズ越しにとらえた映像は、アジア大陸を中心に広がる閃光だった。はじめ数発だったそれは連鎖反応的に各大陸に広がり、やがて地球全体がミラーボールのように煌めいた。どこかの国が最終兵器の発射ボタンを押したのを機に、全世界を巻き込んだ報復合戦が勃発したのだった。

わずか数時間で現生人類の文明は消滅した。それだけではなく大地は荒れ果て、海は濁り、粉塵が太陽光線を遮り、修復不可能な環境の中で過半数の生物が姿を消し、かろうじて難を逃れた種も環境の変化の中で絶滅のシナリオに身を委ねるしかなかった。

ごく少数生き残った現生人類にも未来はなかった。一部の天才たちに依存していた人々は個々の力では文明を再生できるはずもなく、徐々に理性を失った。原始時代のような生活をしているうちに知性までもなくなった。やがて人間の脳の退化は加速し、人類の栄光の火は完全に消えた。低能になってしまった人間たちは、もはや文明時代の遺物を見ても使用方法すらわからなくなっていた。

人類最高の友であった犬族たちも今回ばかりは愛想をつかした。というよりも、人類は過去の犬の恩恵を忘れてばかにしたように扱っていたため、ペットとしての認識しかなかったのがまずかった。人類はこの惨状の中で文明再建の唯一の救世主が犬だとは思っていなかったのが致命的だった。

犬に守られないかつての地球の覇者は頭脳も爪も牙も持たない無防備な裸のサルに落ちぶれて、もはや残存肉食獣たちの腹を満たすだけの肉の塊でしかなかった。食物連鎖の底辺となり果てたのである。

生物の世界は不思議な法則がある。生態系の一部が消失するとその〝空き〟に別の生き物が適応して収まるというものだ。恐竜が絶滅に追い込まれた後に、一部の鳥類が空を捨て大地をのし歩くようになり、ティラノサウルスそっくりの巨大な「恐鳥」になったように、ニッチ（生態的地位）の空白は必ず埋まることになっている。

「今の地球の終わり」は「次の地球の始まり」でもある。かつてのサル型人間たちが君臨した最上位の空白を目指す種が、新しい人間になるための生物学的な戦いを繰り広げ始めた。

新しい人類候補の必須条件は、

❶核戦争以降の地球環境に耐える生命力があること
❷あらゆる場所でも融通が利く肉体構造の持ち主であること
❸発達しやすい脳を有していること
❹社会性生物であること
❺繁殖が旺盛であること
❻雑食であること
❼ある程度の寿命があること
❽万能サポーターである犬と仲良くできる素質を持っていること

以上である。

同じ過ちを繰り返さないためにサルは除外するとして、こうなると候補は鳥類ではカラス、哺乳類ではネズミ、節足動物ではゴキブリ、この三者に絞られてしまう。しかし、ゴキブリ人間に犬たちが奉仕する姿は想像したくない感じもする。

いっそのこと犬族が新しい人類になれば、これはさぞかし平和な世界が構築されるだろう。犬は一度決まった社会的順位に不満を抱かず、虎視眈々と上位を狙う習性のサルとは違うからである。しかし、キャッチャーがピッチャーをやってしまったら、球を受ける係がいなくて野球が成立しなくなるのと一緒で、犬は主役を助ける存在でなくてはならず、これもやはり難しいようだ。


男はそこまで考えて思わず「うーん」と唸った。

愛犬が首をかしげて心配そうに顔を覗き込む。そして、遊び倒してボロボロに使い込んだオレンジ色のふわふわボールを持ってくると、男の手の平に無理やり持たせた。少しヨダレで湿っている感触が可愛い。

「オトウチャ！　なんだか知らないけどポーンしてあそぼうよ」

愛犬に求められるままにボールを投げているうちに男は楽しくなり、変な夢のことなんかどうでもいいと思った。人類最古の家畜、人間の最高の友達、そんな君と出会った奇跡。幸せはいつも刹那的だ。この一瞬を君と一緒に生きている。それだけで俺は満足なんだよ。

数日後、男は再び〝太陽の顔の誰か〟の夢を見た。前と同様に頭の中に強く響く声で彼は言った。

「予定を変更したので、お前は１００年生きなくてもよい」

その変更が如何なるものなのか、男には問う気持ちはなかった。そんな心配をして眉間に皺を寄せているくらいなら、愛犬と一緒に屋上に行ってポーンボールをして遊んだり、春の風蘭たちのふっくらした姿を眺めてくすっと笑ったりしていたほうが46億倍くらい有意義だと思ったからである。

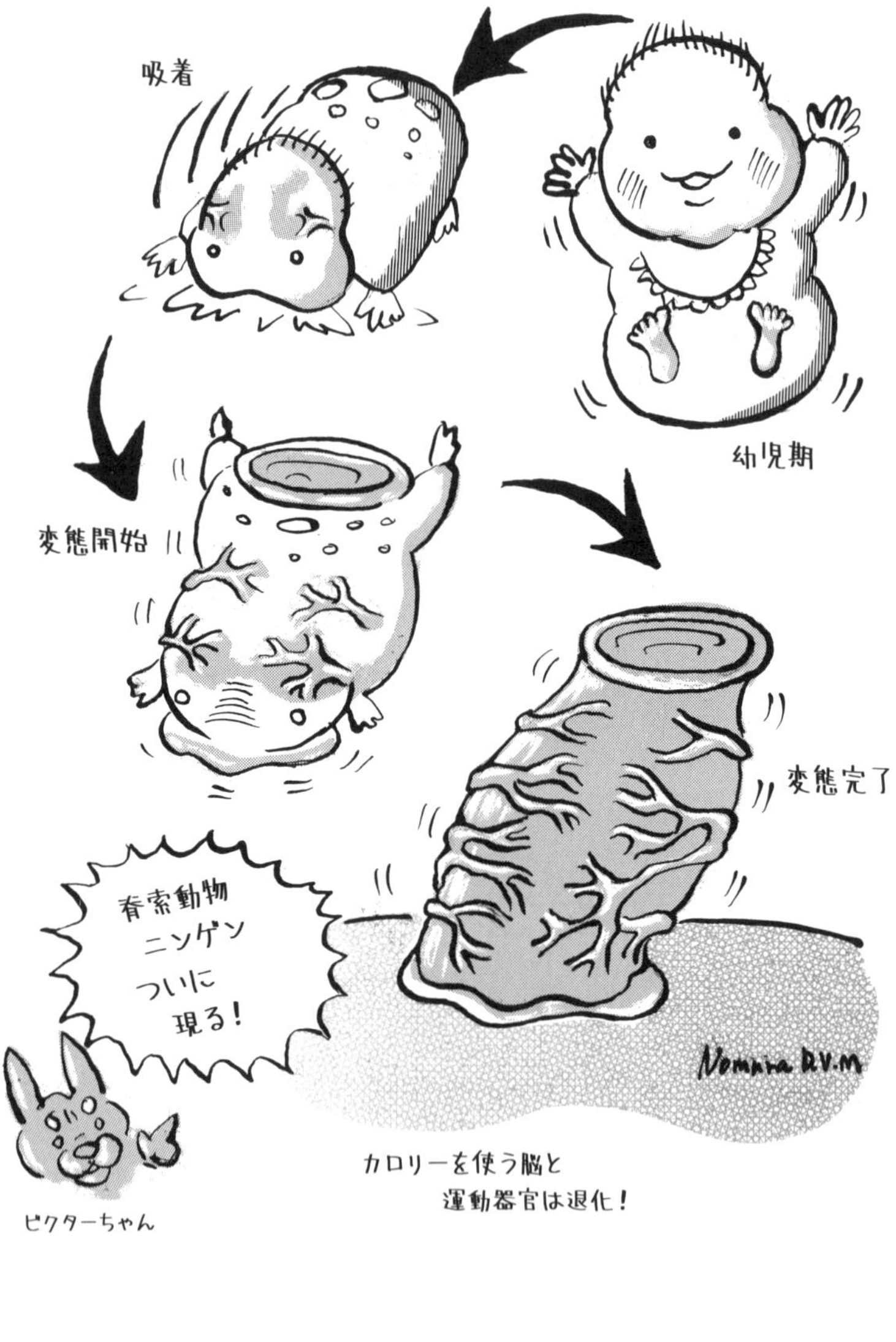
幼児期
吸着
変態開始
変態完了
脊索動物
ニンゲン
ついに
現る！
Nomura D.V.M
カロリーを使う脳と
運動器官は退化！
ピクターちゃん

東京ジャングル

仕事中に携帯の着信音が鳴った。郊外に住む友人からのコールだった。こんな昼間から珍しいなと思い電話に出てみると、彼はうわずった声で「先生助けてください、今、出先の駐車場で、うわ〜っ、追いかけられて……ギャーーー!」などとかなり切羽詰まった様子である。「ははーん」と思い私はこう返した。

「それはね君、身から出た錆というものだよ、昨夜はだいぶ飲んだんだろうね」

「はっ?」

「だから酔った勢いでまた女の子に結婚しようとか言っちゃったんでしょ?」

「そうじゃなくて! 今回はそんなのじゃなくて! 変なケモノにつきまとわれてます!」

「なんと……ではクルマに避難してから動画を撮って送信してみて!」

ほどなくして送られてきたムービーを見てみるとその動物は……丸々太った身体、とがった鼻、白い顔、目の上を縦に走る黒い線……体重は10キロを超えるであろう立派な成体の「アナグマ」だった。「こいつはレアだね」と唸る私。

アナグマはクマの一種ではなくユーラシア大陸と日本に生息するイタチの仲間である。山の斜面などに横穴を掘って巣を作り、完全夜行性のため人目に触れることは滅多にないのだが……。

「もしもし、それはアナグマだよ。顎の力が強いから下手に手を出すと指を食いちぎられるよ。そのままやり過ごそう」

「わかりました、ひぃ〜！」

ほどなくして「謎のケモノ」は何かを諦めたらしく、トボトボと去っていったという。

それにしても、いくら自然の残る郊外でも東京にこんな動物が存在していたとは驚きである。しかも、真っ昼間に現れて人間を追うとは。動画を見る限りでは攻撃的な様子はなく、食べ物を欲しがっているか、そうでなければ好奇心からの行動のようだった。

ニホンアナグマとはやや遠縁になるが、アメリカにもアメリカアナグマがいる。このアナグマは異種であるコヨーテと共同戦線を張って獲物を狩るという。利口で視力とスピードに長けたコヨーテ、嗅覚が鋭く穴掘り名人のパワフルなアナグマ、両者がタッグを組めば餌にありつく成功率は単独行動時の3倍になるらしい。動物たちの生活様式も時代に即して変化するようだ。

たとえば、都内の雀たちは昔と違って馴れ馴れしく手からパンくずを食べたりもする。もしかしたら駐車場に現れたニホンアナグマも人間とビジネスパートナーになりたかったのかもしれない。

「ちょっとアナタ！　このワイシャツの口紅は何よ！」

「俺は無実だよ。山田に聞けよ」

「アンタの友達なんてどうせ同じ穴のムジナでしょ！」

よくある夫婦の痴話喧嘩だが、この「ムジナ」こそアナグマのことである。アナグマの古巣にタヌキが住みつくことがあるために、そんな言い回しができたらしい。


別の友人の新居に招待された時のことである。仕事を終えてクルマを飛ばすものの朝から何も食べていない私は空腹で目が回ってしまい、仕方なく運転しながらフルーツをかじってエネルギーを補給した。

「こんばんは。お土産の和菓子をどうぞ。それと、すみませんがこっちは捨ててもらえますか」

私は果物の皮の入った袋をその家の奥さんに渡した。すると彼女はおもむろに台所の窓を開け、ゴミ袋の中身を全部外に放り投げてしまったのだった。私は友人に耳打ちした。

「お前の〝今度の嫁さん〟問題あるんじゃないのか？」

彼は、ああなんだそんなことか、という顔で言った。

「まあ見ていなよ」

次の瞬間、窓の外の暗闇に赤く光る点が現れた。何かの獣の目だった。それが無音のまま沢山増えたかと思うとやがて消えた。懐中電灯で照らすとバナナの皮もリンゴの芯も柿のタネも全てなくなっていた。

「我が家では生ごみはみんな外に放り投げるんだ。タヌキたちが全部持っていってくれるんだよ」

なんともエコでウインウインの共存関係に恐れ入った。

深夜ドライブの小休止は自動販売機の明かりに心が癒やされる。コインを投入してボタンを押すと、静寂を破って缶が落ちる音が響く。薄暗い倉庫街の道、月明かりにてらてらと光るアスファルト。人の気配は全くない。ふと気が付くと数十メートル先の街灯の下に佇んでこちらの様子をうかがっている獣のシルエットが……。タヌキである。

「そのオレンジジュース、少しばかり残しておいていただけませんか」と言っているように感じた。

私は「いいよ、地面に置いておくよ」と言ってクルマを発進させた。

ルームミラーで後ろを見ると、子ダヌキたちがわらわらと出てくるところだった。

「おいしいね。あまいね、おかあさん」

野生動物に関わるな！　と自称有識者の声が聞こえてきそうだが、「いいんじゃないの？　このくらい」と思う。静かで慎ましく遠慮深い隣人、そんな都会のタヌキたちに幸あれ。

初夏の雨上がりの夜、看護師たちが騒いでいる。

「院長先生、変な生き物がいます！」

窓の外を見ると太くて長い尾をした猫の2倍くらいある獣が電線の上を器用にそして悠々と歩いていた。鼻筋に白い線、まるで歌舞伎のメイクのような顔をしている。

「ああ、あれはハクビシンだよ。この先にある古い家の庭に実ったビワを食べに行くのだと思うよ」

この大型の雄の個体は長年にわたり病院の近くで遭遇していた。印象的だったのは誰もいない深夜の街での出来事だ。

煙草を買いに出た夜道、気配を感じ横を見て驚いた。彼はずっと私の隣を歩いていたのだった。しかも中野通りを横断する際には信号が青になるまで座って待っていたのだ。老齢個体は経験値が高く賢いのかもしれない。

「避けてくれるだろう」とゴリ押しでクルマに突っ込んでくる自転車の若者、「何とかしてくれるだろう」と歳をとればとるほど自己中になる高齢者。人間の皆さんは他力本願のワガママを今すぐやめて、自己責任前提で賢く生きる動物たちを見習うべきである。甘ったれるのは自分の親だけにしてほしい。

ハクビシンは日本に生息する唯一のジャコウネコ科の動物で、江戸時代頃に日本にやってきた帰化動物だといわれている。しかしそのルーツがはっきりしないため外来生物法に基づいた特定外来生物には指定されていないので、駆除の対象にはなっていない。

ある日のことである。

「ハクビシンの乳飲み子を拾いました。どこに問い合わせても放置せよと言われます。それでは死ぬのは目に見えています。どうしたら？」という相談を受けた。

私は「家に連れ帰り、ミルクで育ててあげましょう。一人前になったら拾った場所に返しましょう」と回答した。相談者は「そうですよね、それが普通ですよね、やっとまともな人を見つけた」と感激していたが、そもそもハクビシンは大人になると人間を避けるようになるし、人が育てても元来の野性を失うことはないから大丈夫である。

病院の業務が終わり夜の帳が降りる時、やっと〝私の時間〟が始まる。ただし眠る時間を削って自由時間に当てているので、あまり好き勝手をしてしまうと、寝ないままで仕事にＧＯ！　のダルい朝が待ち受けることとなる。そんな私を見た人たちから不死身ならぬ〝寝不身《ねずみ》〟の称号を受けたことがある。

そういえば幼少時にいつも同じ悪夢にうなされた。なんの夢なの？　と母に問われても上手く話せなかった。しかし今なら説明できる、あれはエーテル麻酔で解剖されるネズミの苦しみの夢だ。濡れたアスファルトを全速力で走る夢もよく見た。その視点は2種類あって一つはネズミ、もう一つは犬のそれだった。後者に関しては途中で景色が回って終わる。もしも輪廻転生があるとしたら私の前世は解剖されるドブネズミ、走り回って車に轢かれる野良犬だったのだろう。

閑話休題。

その夜、私は病院の裏口の扉をぽーんと開け「うーん、いい月夜だね」と歩き出した瞬間に、サッと足元をすり抜けて病院内に侵入するクマネズミを見た。これはベテランの人間のコソ泥が使う手でもある。

「お若けえの、おまちなせえ！」と言うと、ネズミはエレベーターの前で一瞬振り返り、「待てとお止めなされしは、拙者が事でござるかな」と言いつつも「御免なすって」と非常階段をぴょんぴょん上った。

私はネズミを屋上の扉まで追い詰めたが、そこはやはり立体活動を得意とするクマネズミ、かがんだ私の頭上を助走なしの大ジャンプで飛び越えようとした。しかし〝元ドブネズミ〟の私の反射神経は健在で、空中で彼の胴体をむんずと捕まえることに成功したのだった。

「お前、よく見ると痩せてるね……しばらくうちで暮らしてもいいよ」

ネズミは長いひげを動かしながら言った。

「重ね重ね、面目ねえ……」

かくしてネズミとの共同生活が始まった。サーカス団員のように身軽なので宙太郎と名付け、高級なドッグフードをメインに季節の果物を添えたメニューを毎日与えて太らせた。彼からはネズミの超音波の会話方法を教わった。この特技により私はいつでもどこでも、ネズミたちを呼ぶことができるようになった。宙太郎は立派な大ネズミになった。たいして感動的なドラマもないまま袂を分かつ日がやってきた。

「宙太郎、お前はお前の世界で生きろ。達者でな」

「アニキこそ身体こわすなよ！」

「いい嫁さんもらって子供が生まれたら見せに来いよ！」

宙太郎は振り向きもせず走り出した。行け宙太郎！　ネズミがネズミらしく、誇り高く生きるために！


都心部の野生動物観察から少し遠ざかるが、私の深夜ドライブコースの一つに、東京の秘境ともいえる奥多摩から秩父の山道を通り山梨県まで行って中央高速で戻るというややハードなものがある。真夜中でもあるし、さぞかし様々な野生動物に遭遇するのでしょうね、と聞かれるが、意外と目にすることはない。それでも耳を澄まし、瞳孔を広げ、全身で感じる努力をすると、様々なものが見えてくる。

大人が入るくらい大きな穴を掘っている人や、窓にテープで目張りをして沈黙しているクルマ、置き去りにされて裸足で歩く女性などの人間たちの強い残留思念。そして、曲がり角に佇む花嫁衣裳の女、青く光りながら漂う火の玉、狐のしっぽが生えた幼児などの〝物の怪〟たち。

それらに混じってイタチ、テン、ムササビ、ホンドギツネ、ニホンジカなどが確認できた。ツキノワグマに至っては夢中でクワガタムシを観察する私の5メートル先で、街灯の明かりに飛来しては落下する昆虫を食べていた。獣はお互いに忙しい時はむやみに争ったりはしないものだ。ちなみにここではタヌキやハクビシンなどの都心部に生息している種は全く見ない。

また御岳山には〝おいぬ様《ニホンオオカミ》〟を祀った神社があり、オオカミが生き残っているとすれば、この辺りが一番可能性が高いと思っている。深い山奥の彼方から力強い遠吠えが聞こえてきたらどんなに素敵だろう。いや、もし彼らが生き延びていたとしても、それは封印されているかもしれない。人間に見つかってしまえば今度こそ最後なのだ。

私はこれからも度々漆黒の闇の中で活動する動物になる。何か新しい発見があった時には真っ先に皆さんに報告したいと思っている。

家人さえも滅多に立ち入らないその旧家の広い裏庭は、代々にわたる禁忌の場所のようにも見えた。北側で日当たりが悪いだけでなく、地形的にもじめじめしているためにまともな植栽が育たず、まるで大昔の首切り場のように湿った赤土が露出している。

その周囲には背が低くて、猫背の男のように見えるヤツデの木が取り囲むように自生していて、ぬるぬると光る葉が〝おいでおいで〟をするようにいつまでも風に揺れていた。

ほどなくして数人の使用人たちによって古い洋服簞笥が運び出され、家主である鬼の形相の老婆の一声により火が放たれた。簞笥はあっという間にめらめらと燃え上がり、紅蓮《ぐれん》の炎に包まれた。

ごうごうぱちぱちと炎の音が強くなると同時に、がりがりと木の板をひっかく爪の音が混じるようになり、それは激しさを増し、やがてぎゃおん、ぎゃおんと断末魔の叫びが辺りに響いた。

簞笥には犬が閉じ込められていたのだった。

辺りは煤につつまれ、濛々《もうもう》とした黒煙が鉛のような曇天の空に立ち上った。

居合わせた者たちはその時、はっきりと聞いた。煙にかすんだ空の彼方から「八代祟るぞ、覚えておれ」と地鳴りのような大声がしたのである。使用人たちは恐ろしくなって手を合わせたが、家主の鬼婆はかっと目を見開いて天を睨みつけたという。

どういう経緯でこうなったのかは定かではないが、その後この一族の血筋は凄惨な不幸が続き、あっという間に没落の一途を辿ったらしい。

これは私が幼少の頃に、ある老人から聞いた話である。空から聞こえた大声の主が犬なのか、それとも別の何かなのかはわからぬままだが、恐ろしい話ではある。


昔、とある動物病院にお邪魔した時のことである。

その院長は巷では誠実で動物思いの良い先生として通っているが、本当は臨床経験が全くない、ただの大酒飲みだった。彼は、尻の青い見習い獣医を好条件で釣って大勢集め、そんな坊やたちに患者を丸投げして、未熟極まりない学芸会のようなグループ診療をさせていた。

技術を伝授する師匠がいなければ、若造たちはない知恵を絞りながら烏合の衆と化す。そして、毎日当たり前のように起こる誤診や過剰診療で動物が死んでも平気でいるような集団が誕生した。その結果、若獣医たちは言い訳の技術だけは超一流になった。つまり院長は単なる経営者であり、クズ医者を大量生産する張本人だったのである。

それは正に病院という名の地獄だった。

彼らは小学生が連れてきた捨て猫を手厚く迎えるふりをして心臓に空気を注入して生ごみに出し、輸血の供血用の犬を汚く狭い檻に閉じ込め、モノ扱いで飼い殺した。若い獣医師たちは飼い主に無断で死んだ動物の棺桶を開けその死体で技術練習をしたし、獣医師免許のないスタッフが手術を行うのも日常だった。

数え上げたらきりがないほどの悪の所業に、私は怒りを通り越して吐き気を覚えた。

動物たちの無念が渦巻くそんな病院の廊下で私が見たものは……あろうことか天井まで届くほどの巨大な犬の幽霊だった。真っ白で丸々としたまるで雪だるまのような〝それ〟は頭の中に響く声で私に言った。

「ここはあなたが来る場所ではないから早く帰りなさい」

その時はこの病院の実態に耐えかねた自分の潜在意識が見せた幻影だと認識したが、やはりあれは本物で、無念の死を遂げた動物たちの魂だったのかもしれない。

というのも、やがて件《くだん》の院長はインポテンツと配偶者の浮気を苦にして自殺未遂を繰り返し、とうとう精神科に通うようになり、それだけでなく、血縁者が次々とありえない不慮の事故死を遂げ、さらに自慢だった息子も、ＤＮＡの父親鑑定で他人の子と判明し、数年後には違法薬物に手を出す最低のろくでなしに育って行方不明になってしまったからだ。

その病院は現在も存続しているが、相変わらずわけのわからない事故やトラブルが続いて悲惨な状況だと聞いている。今もなお「八代祟るぞ」の途中経過なのだと思う。正に現代のＴＡＴＡＲＩである。

ある日、銀座で小さなクラブを営むママさんから相談を受けた。

「うちの売れっ子ホステスの美香の様子がおかしいのです。昨夜も半狂乱になって大切なお客様に迷惑をかけました」

「覚えています。柴犬を飼っているという娘《こ》ですね」

「店で天ぷらを手づかみで貪り、それを止めたお客様の手に咬みついて大怪我を負わせたのです」

「まるでお狐様みたいですね」

「やっぱりそうですよね。だから先生に電話しました」

とママさんがため息をついた。私は何度か狐憑きの人を見たことがある。しかし全員がただのヒステリー発作や精神病だったので今回もそうだと思い、面白半分に聞き流していた。

それから数日後、夜中に電話が鳴った。

「築地にある寮のマンションで美香が大暴れをして、店のボーイたちが取り押さえています。助けてください」

私はこの店には借りがあった。以前貸し切りで接待を受けた際に女の子たちがわらわらと私の周りに集まって延々と〝ペット相談コーナー〟をやらされてしまい、昼間の大手術で疲れ果てていた私は、我慢の限界に達して皆を怒鳴りつけてしまったのだ。

「やれやれ、すぐ行きますよ。私のマセラティで狐祓いの寺に連れていきます」

そう提案しつつも「どうせまた馬鹿娘が不機嫌になって騒いでいるだけだ」と高を括っていた私だったが、現地に着いて声を失った。

めちゃめちゃになった部屋の真ん中で、ボーイ兼用心棒の男二人が汗だくになって美香を押さえつけていた。おそらくは咬みつき防止のためだろう、頭部にはブランドの鞄が被せられていて美香は獣の声で唸り続けている。

何とか寺に連れていき、住職のお経が始まると、美香は大声を上げて苦しみ始めた。それでも私は「ばかばかしい茶番だ」と冷めた目で見ていた。しかし……

美香の力がやがて抜けてぐったりした瞬間……寺の天井の電球がふっと切れて暗くなり、後ろの障子がガタリ！　と音を立て、目に見えない何かが風と共に夜空に吹っ飛んでいったのだった。この狐憑きは若い女の気の迷いなどではなく、正真正銘の〝本物〟だった。

後日、正気に戻った本人に聞くと、一人暮らしの寂しさから夜な夜なマンションの隣にある小さなお稲荷さんに願をかけていたが、本当に願いが叶うので驚いていたという。いつしかそれが当たり前になり、お稲荷様と〝なあなあになった〟と思い込んだ美香は、火のついた煙草を咥えたまま鳥居で柴犬に小便をさせたらしい。しかも、今まで願いが叶った後の〝お礼の品〟の献上を一度もしていなかったという。火、犬、お礼なし、はお稲荷さんを激怒させる行為である。

神様は決してワガママを何でも叶えてくれる優しい存在などではない。特にお稲荷さんのように仏教に帰依する前は魔物の類だった実類神は、「裏切り」や「恩忘れ」には敏感なのだ。正に、「あな神おそろしや」と感じた経験だった。


気味が悪いかもしれないが、私は人の死に立ち会うことが多い。

潰れたクルマのたった1センチしかない金属の隙間から上半身をくねらせ「俺、どうなっちゃったの？」と尋ねながら亡くなった方がいた。国道に転がるヘルメットの中に頭が丸ごと入っているのを見つけたこともある。先日は私の後続車が女性を轢いてしまい、すぐさま救助に向かったが手遅れだった。彼女は「目を覚ましたら病院のベッドだから安心しなさい」という私の言葉にうなずいて目を閉じ、腕の中で天に召された。

しかし、私の記憶の中で最も印象的な人の死は幼少時の出来事で、〝蟻地獄〟と皆から呼ばれていた若い男のそれである。

彼は常に道をふらふらと歩き、地面にいるアリを一匹残らず踏みながら進むからだ。彼に蟻地獄という渾名を命名したのは当時この様子を見た私である。

蟻地獄の視界に入った非力な生き物は即座に命を奪われた。オシロイバナの蜜を吸うセセリチョウを花ごと握りつぶしたり、病気の野良犬を容赦なく蹴り上げることもあった。公衆便所で発見された山積みになった鳩の死骸も、公園の茂みで金蠅まみれになっていた猫の死体も全て蟻地獄の仕業に違いなかった。

しかし、無益な殺生を繰り返す変態を懲らしめようにも、まだ7歳だった私にはその力がなかった。かといって周囲の大人に助力を仰いでも、面倒くさそうに「忙しいんだよ。仕事の邪魔をするガキは死ね」と言われるだけだった。高度成長時代、誰もが必死に働く世の中は、子供や動物などにかまっている余裕などなかったのだ。

大通りに面した瀬戸物屋の隣に金魚屋があった。表にあるコンクリのタタキ池に沢山の真っ赤なコメットが泳いでいたが、黒くて可愛いデメキンが1匹混じっていた。私は小遣いを貯めていつかそれを買うつもりだった。

ある日いつものようにしゃがんで池を覗いていると、私とデメキンの場所だけが日陰になった。振り向くと蟻地獄が立っていた。私は戦慄した。奴は無表情のままデメキンを鷲づかみにすると大通りの都電の線路に放り投げた。電車が迫ってきていたので慌てて助けに向かったが、デメキンは私の目の前でオート三輪に踏まれた。

蟻地獄が許せなかった私は、悪魔のおばさんに相談することにした。その中年女性は路地裏で駄菓子屋を営んでいるのだが、我々幼児の間では店の奥に設置された鉄板で焼く「もんじゃ」を注文すれば、どんな願いでも叶えてくれるという噂だった。私はデメキンのために貯めた小遣いを全てもんじゃに使い、悪魔のおばさんに泣きながら頼んだ。

「どうか蟻地獄を懲らしめてください」

おばさんは「おやすい御用だよ」と言うと、鉄板の上の焦げにヘラを使ってガリガリと星の模様を書きながら、聞いたことのない呪文を唱えた。

翌日の明け方、公園は大騒ぎになっていた。蟻地獄の死体が見つかったのである。性懲りもなく金魚屋のタタキ池をいたずらしておっかない店主に見つかり、大通りに逃げて都電に撥ねられ、そのまま行方をくらましていたという。

屍の顔と半袖から出た両腕には、びっしりとアリがたかって走り回っていた。目を見開き、唇の隙間から死ぬ直前まで舐めていたらしい真っ赤な飴玉がのぞいている。日が昇って活動を始めたアブラゼミの鳴き声がてかてかした耳の奥の鼓膜を震わせたらしく、驚いたアリたちがぞろぞろと這い出てきた。私は思わず小さな声でつぶやいた。

「これが蟻地獄かあ……」

私の経験と長年にわたる研究において〝因果応報〟は存在すると結論している。

空に向かって唾を吐けば、自分の顔に戻ってくるのは物理の法則で説明できるが、それに似た未知の何かがあるのは確実で、どうやらこの世には正しくない行為や悪い心がけに対して罰が下される仕組みがあるらしい。

そしてそれらの大元になる部分には——一応、私も科学者のはしくれなのでこれは本当はあまり口にしたくない言葉であり、そしてこの言葉を使う度にそれを説明できない自分が嫌になるのだが仕方がない——つまり——霊とか神——のようなものが存在していることを認めざるを得ないようだ。

D.V.M

かあちゃんの虹

何も見えない。何も聞こえない。何も感じない。

そんな何もない世界がいつから始まったのかは覚えていない。でも今、オイラは自分の身体があるという実感があって、温かい水の中でフワフワと浮いているんだよ。

オイラのオヘソには紐が付いていて、そこからは常にびっくりするくらい素敵なものが流れ込んでくる。オイラの身体を育てるための栄養になるものらしい。そしてよくわからないけれど、幸せな気持ちになる何かもいっぱい入ってくる。それはきっとオイラを世界で一番大切に思ってくれているかあちゃんの愛情なんだろう。ああ、気持ちいいな。安心だな。ずっとここにいたいな。

でもそうはいかないみたい。オイラが浮いていた温かい水が流れ出ていくよ。身体が締め付けられる。オイラはどこか知らない場所に連れていかれるらしい。オイラは硬い何かに押し付けられた。

そうか、水から出て地面に転がったんだね。

紐からは何も来なくなった。苦しいよ。でもすぐに大きな口が現れてオイラを包んでいた膜を破り、おなかの紐を優しく噛んでちぎったよ。そして柔らかくて温かいベロでオイラの体中を舐めてくれた。その度に鼻や口から水が出た。

胸の中が空っぽになると空気が入ってきた。オイラは力いっぱい吸い込み、思い切り吐き出したんだ。きっと「ぴぃー」って大きく鳴いたんだろうと思う。オイラはまだ聞こえていなかったし見えなかったから、たぶんの話だよ。でもね、鼻だけはよく利いていたんだ。初めて経験する身体の重さ、それに負けないようにいい匂いのするほうに一生懸命に這いずって乳首に吸い付いたよ。オイラは思った。これがかあちゃんか、かあちゃんなんだね。これからはオヘソからじゃなく自分の口から食べるんだね。

オイラはかあちゃんのおっぱいを飲んでは眠り、ウンチとオシッコを舐めてもらっては、またおっぱいを飲んだ。ある日、くーんくーんって優しい声が聞こえてきたよ。かすかに見えるようになった目を凝らすと誰かがいる。かあちゃんだ。これがオイラのかあちゃんの姿か。あはっ、かあちゃんって白い毛皮だったんだね。でもボロボロだね。汚れているし痩せているね。

オイラの兄弟はいないみたい。きっと何かあったんだね。かあちゃん、苦労したんだな。オイラを産んでくれてありがとね。温かくておいしいおっぱいのかあちゃん、フワフワでいい匂いのかあちゃん。オイラはおなかの中から出ても、かあちゃんがいるから幸せだよ。

しばらくしてオイラは歩けるようになった。初めて見るもの聞くもの食べるもの、なんでもかんでもめずらしい。小枝を咥えたり、ちょうちょを追いかけたり穴を掘ったり、花の匂いを嗅いでみたり。変な虫を食べた時は口の中が痛くなって泡をふいたっけ。

かあちゃん、世界は広いんだね。楽しいんだね。怖いんだね。

オイラたち親子には家なんてないから、いつも二人でてくてく歩いたよ。

ある時、草むらでうとうとしていて気が付くとかあちゃんがいなかった。オイラは不安になってくんくん泣いたんだ。すると空から黒くて大きい鳥がやってきて頭をしつこく突いたよ。痛いよ、痛いよ、かあちゃん、オイラ食べられちゃうよ。かあちゃんが走ってきて鳥を追い払ってくれた。ああよかった。かあちゃんが咥えてきたパンのかけらを食べている間、かあちゃんはオイラの頭の傷を舐めてくれた。

でもいつまでも血の匂いがするんだ。かあちゃんの足だった。かあちゃんはクルマに撥ねられたらしい。足が折れてぶらぶらしているんだ。かあちゃん痛いだろ。かあちゃんごめんね、ごめんね。ありがとね、ありがとね。

雨が降ると、かあちゃんはオイラが濡れないようにおなかの下に入れて一晩中立っていてくれた。そんな時、かあちゃんはずっとぶるぶる震えていたよ。寒いのかな。足が痛いのかな。それとも両方かな。かあちゃんなおるといいね。ねえ、なおるよね。

かあちゃんはオイラの食べ物を探しに行く以外はじっとしているようになった。もともと痩せていたかあちゃんの身体はもっと細くなった。

その日もオイラはいつものように草むらでかあちゃんを待っていたんだ。でも、いつまでたっても、かあちゃんは帰ってこない。オイラは勇気を出して、かあちゃんを探しに人間の町に出た。雨に濡れて冷たいけれどオイラだってもう赤ちゃんじゃないんだ。オイラは道路で寝ているかあちゃんを見つけたよ。いつもみたいに口にパンを咥えている。きっとオイラのごはんだね。泥んこだった。どこからか血が出ているみたい。

かあちゃん、起きて。こんなところで寝ていると危ないよ、轢かれるよ。


かあちゃんは次の日になっても起きなかった。

目を開けたままいつまでも動かなかった。いつも温かいかあちゃんの身体は地面みたいにひんやりしてた。人間が来たのでオイラは電柱の陰に隠れたよ。人間はかあちゃんを箱に入れてクルマに乗せるとそのまま行ってしまった。オイラはあわてて追いかけたけれど、かあちゃんを乗せたクルマはどんどん小さくなって見えなくなってしまった。

びしょ濡れの身体のままとぼとぼ歩いていると、雨が上がって空に大きな虹が出た。

それを初めて見たオイラは、そこにかあちゃんがいるような気がして一生懸命に走ったよ。でも、走っても走っても、辿り着くことはできなかったんだ。

日が暮れてからオイラはかあちゃんと暮らした寝床に戻った。そこは使われなくなったバス停で、夜露にあたらない程度のおんぼろの屋根がある。もちろんかあちゃんがいるはずはなかったけれど、かあちゃんの匂いがまだ残っていたからさみしくなかったよ。

夜明け前に何かの気配で目が覚めた。

オイラは前にかあちゃんに教わったように木の根っこの隙間に隠れた。怖かった。でもなんだか懐かしいおっぱいの匂いがしたんだ。かあちゃんだ、かあちゃんが帰ってきた。そう思って飛び出ると、見たことがない黒くて大きな犬がいた。そしてオイラと同じような子犬が2匹こっちに向かって歩いてきて遊ぼうよって誘ったんだ。黒いおばちゃんはオイラにもごはんをくれた。オイラは一緒についていくことにしたんだよ。

オイラたちは毎日歩いた。トコトコとどこまでも歩いて旅をした。オイラたちはノラ犬だから、お腹がすいたら落ちている食べ物を探すしかなかった。でも黒いおばちゃんは人間から食べ物をもらうのが上手だった。首にはボロボロの首輪が付いていたからきっと昔に人間といっしょに暮らしたことがあったんだね。

ある日オイラたちが遊んでいると遠くからおばちゃんの叫ぶ声がした。大変だと思ってみんなで走っていったけれど、おばちゃんは誰かに連れ去られた後だった。オイラたち3匹は途方に暮れたけれど、励ましあってまた旅を続けたんだ。


あれからどのくらいの月日が経ったのだろう。

オイラたちは今では速く走れるし、自分で食べ物を探せる。一晩中歩いても疲れないよ。

そういえば人間の町を通る時、オイラはかあちゃんを見つけたんだ。でも匂いがしない。それはガラスというものに映った自分の姿だった。オイラはかあちゃんと同じくらい大きくなったんだね。

その頃だったかな、オイラたちは生まれて初めて海を見たんだ。

すごいね。広いね。どこまでも続いているんだね。

嬉しくなってみんなで走り回って遊んだよ。お腹はペコペコだったけれど、そんなのはいつものことさ。穴を掘ったり、貝殻を咥えたりしてとても楽しかったんだ。

そうこうしていると向こうから知らない犬が来た。でも挨拶しようと近寄ったらキャンキャンと悲鳴を上げて怖がった。同じ犬でもオイラたちとは違う世界に住んでいる犬だったんだね。後から来た人間がそれを見てカンカンに怒りながら棒を振り回し、オイラたちを追い払ったよ。そしてこちらを見ながら何かの道具を取り出すと耳に当て、まるでもう一人の誰かと話すみたいにずっと独り言を言っていた。

次の日、食べ物を探しに行った2匹は帰ってこなかった。

オイラはずっと待っていたんだけれど、何日経っても戻らない。オイラはまた一人ぼっちになっちゃった。誰もいない海辺で寝ていたら、かあちゃんの夢を見た。海の匂い、いつまでも続く波の音。まるでかあちゃんのおなかの中にいるみたいだなと思ったよ。

夜明け頃に大きな鉄の箱を積んだトラックがやってきた。

何だろうと思っていたら、突然窓から長い棒が出てきてオイラの自由を奪った。棒の先には針金の輪っかが付いていて、首にかけると締まるようになっていたんだ。そのまま首つりみたいに持ち上げられて荷台の鉄の箱に投げ落とされた。鉄の箱の中はいなくなった2匹のニオイがした。どうやら仲間たちもこれと同じ目にあったらしい。

しばらくしてトラックが停まると、オイラはまた首つり棒で持ち上げられて、真四角の何もない部屋に入れられたんだ。そこには沢山の犬たちがいた。

オイラみたいなのはもちろん、そうじゃない犬も多かった。首輪を付けた年寄りの犬、重い病気をこじらせて苦しんでいる犬、壁を見つめて固まっている犬、飼い主が迎えに来ると信じてドアを見ている犬、沢山の赤ちゃんにおっぱいをあげているお母さん犬もいた。ここで産んじゃったのかな。せっかく生まれてきたのにかわいそうだよね。

そうさ、オイラはすぐにわかったんだ、ここから二度と出られないって。

オイラは今までの出来事を思い出して過ごした。

かあちゃん、優しかったな。オイラを産んでくれてありがとね。黒いおばちゃん、ごはんくれてありがとね。海で遊んで楽しかったな。みんなありがとね。

オイラの思い出、ちょっとしかないけれど、ちっぽけな毎日だったかもしれないけれど、でもそれがオイラの全部なんだ。

この部屋の仕掛けが動き始めたみたい。なんだか頭がぼんやりしてきたよ。

かあちゃんが死んで一人ぼっちになった時に見た大きな虹。あの時は走っても走っても辿り着けなかった。

今度は行けるかな。

オイラきっとかあちゃんが待っていてくれるって信じているんだよ。

還る

大気中の水蒸気が星の光を隠す蒸し暑い夏の夜。私は愛車ランボルギーニの運転席に座って、19歳から今に至る四十数年間の出来事を思い返していた。人は最期の瞬間に記憶が走馬灯のように浮かぶといわれているが、それは目前に迫る命の危機を逃れるための方法を過去の経験からサーチするためらしい。

でも、今の私はそういうことではなく、〝この世界〟での人生で楽しいことがどのくらいあったのかを確認したかっただけだった。

「うーん、辛い戦いの記憶ばかりだな……」

私は一人で苦笑いした。

そうこうするうちに、日に焼かれた濃緑の街路樹の揺れが止まり、聞こえていた喧騒がいつの間にか消えた。

やがてコンクリートの熱気に満ちた無人の夜の街が少しずつ歪み、景色が細かく揺れ始める。その中で点滅する信号機と照らされたアスファルトだけがリズムを刻むが、数秒後には街灯に惑わされた蝉の高周波が鳴り響いて無音を破り、周囲は再び見慣れた景色に復帰した。

今夜はこの場所の空間、または存在とでもいえばいいだろうか、そういった通常の確固たるものが安定を失っているに違いなかった。

私は〝その時〟が近づいたことを確信した。

こんな夜は〝あれ〟が現れる。

私はこの40年間、時間さえあればこの場所に来て検証を重ねていて、訪れた回数は実に２０００回を超えている。その結果、数年に一度だけ、真夏の夜のある日時にその不思議な現象に遭遇できることを突き止めていた。

ピッピッポーン！　時報が鳴った。時計の針は午前2時を指している。

私はエンジンを吹かして調子をみた後、いつでも発進できるようにギアを1速に入れたまま、ブレーキを踏んで前方の景色を注視した。

このクルマは７００馬力という規格外のパワーを持ち、瞬《まばた》き2回半の間に停車状態から時速１００キロに到達してしまう猛烈な加速性能を持つ。最高速度は時速３５０キロを超えるので、当然のことながら万が一の場合に威力を発揮する強力なブレーキも備えている。そのポテンシャルは今までに所有した19台のスーパーカーの中でも群を抜いている。瞬発力があること、これが私が日常的に使用するクルマの条件だ。というのも〝あれ〟が現れ、消えるまでの時間はたったの5秒程度であり、しかもその〝イベント〟の開始は100メートル離れた場所でないと確認できないのだ。

〝あれ〟とは何か。

それは……本来そこに在るはずのない〝幻の道〟である……。私は今まさにそこに〝突入〟しようとしているのだった。

1980年8月3日、19歳だった私は大学生になって初めての夏休みを東京下町の実家に戻って過ごしていた。神奈川の大学寮と違って自分が育った両親のいる家は、まだ甘ったれの若造だった私には快適だった。

その日の深夜、私は愛車のオートバイ、スズキGT380に跨《また》がり、自分の庭のように熟知した街を走っていた。この車種は現在は環境問題のために製造が許されていないツーストロークのエンジンを積んでいて恐ろしく速かった。

日が変わり4日になると雨が降り出したが、若さが溢れていた私は面白がってずぶ濡れになりながらナイトランを楽しんだ。とはいうものの、少し寒くなってしまい、午前2時を回った頃にある場所を目指した。首都高速6号線の高架下にある片側1車線の国道である。

墨田区の三ツ目通りを水戸方面に進み、業平方面を右前方に見ながら隅田公園入り口を左折すると隅田川に突き当たる。この丁字路を右に曲がると川沿いにその道はある。20メートル頭上に高速道があるため雨に濡れないで走ることができるし、車も人もほとんどいない。一応歩道はあるものの車道から3メートルも高い隅田川の堤防沿いにあるため、酔っ払いや子供などが飛び出してくることもない。50年前は毎週日曜日に車の通行が規制されて自転車天国というイベントも行われていた。幼少時、私はこの道で自転車に乗れるようになった。このようにここは前々よりなじみ深く、何よりも気分良くマシンを飛ばせるお気に入りの道路だった。

速度は時速100キロほどは出ていたと思う。ある地点に差し掛かった時、私は前方の景色がいつもと違うことに気が付いた。この国道は突き当たるとほぼ直角に右折するしかないL字形のはずなのに、目の前には幅8メートルもある直線が続いていたのだ。

「新しい道ができたらしいな」

私はスピードを落とすこともなく、何のためらいもないまま吸い込まれるように進入した……。次の瞬間、私の愛車は視界ゼロの濃霧に包まれた。慌てて停車して空を見上げると、尋常ではない蝙蝠の大群が乱舞していた。隅田川沿いでここまで濃い霧が発生することは今までに一度もなかったし、沢山の蝙蝠が飛び回るのを見るのも初めてだった。

それよりも驚いたのは深夜であるにもかかわらず霧自体が光を放って昼間のように明るいことだった。眼を凝らすと空にもう一つの世界が逆さまに見えた。まるで今いる街を大きな鏡で反射させているようだった。

寝不足のせいで幻覚を見ているに違いないと思ったが、気味が悪くなって霧から逃げるように引き返し国道に出ると、感覚的には5分も経っていないはずなのにいつの間にか朝になっていた。それを不思議に思う余裕はなかった。なぜなら街の様子が違っていて、非常に殺伐とした雰囲気が漂い、まるで見知らぬ外国に迷い込んだ気がしたからだ。

私の知っているこの街は常に活気があった。往来には仕事着姿の大工や竹細工職人、電気屋、八百屋、そして近所のおかみさんたちなど大勢の人が行き交い、甘納豆屋の店先には着物姿の美人が立って客を呼び、お茶屋の前ではご隠居たちが将棋を指していたりした。大人たちは笑顔を絶やさずに額に汗して働き、子供たちは思い切り遊び、犬たちは自由に街を走り回り、猫たちも伸び伸びと塀や屋根の上で日向ぼっこをしていた。いつもどこからか太鼓と笛の音と笑い声が聞こえていて町中が花に満ち、小道を歩けば赤飯を炊く良い匂いがしたり、地面を揺らす餅つきの振動を感じたりもした。それがどうだろう。

地味な格好のしかめっ面をした人たちが無言で歩く灰色の街がそこにはあった。いつも畳屋の前を通る際は放し飼いの犬のクロの頭を撫でるのだが、その日は仕事場の奥に鎖で繋がれていた。元気がなかったが病気なのだろうか。洗濯屋の前を通った時に、普段は歩道の真ん中で昼寝をしているることが多いスピッツが檻の中で悲しそうにしているのも変だった。

「みんなどうしちゃったんだよ」

蔵前橋通りのアーケードでよそ者に肩を当てられたのにも驚いた。この街でそんなケチな真似をする奴がいるとは……。不愉快になった私は、バイクを味噌屋の駐車場に停めさせてもらい、家に戻ることにした。しかしここでもおかしなことがあった。いつも自由な味噌屋のシェパードが犬舎の中からこちらを見ていたのだ。

みんな犬たちを繋いだり閉じ込めたりして、何が起こったというのだろう。そういえば道行く人たちの足元を自由気ままに歩き回る飼い犬たちの姿を今日は全く見ない。

家の一階は母親の経営する美容院になっている。店の扉を開けながら「おっかさん、外の様子が変なんだよ……」と言いかけた私は自分の目を疑った。そして3歩後ずさりしてからもう一度店の外観を眺めることになった。

昨夜まで〝紫色〟だった厚いガラス製の扉が〝赤〟に変わっていたからだ……。母親が言った。

「お兄ちゃん、扉がどうかしたのかい？」

母はいつも「潤一郎！」と私を呼ぶのに「お兄ちゃん」と言ったことに違和感を覚えた。そんな呼び方をされたのは人生初だったからだ。その理由が判明し、頭が混乱してきた私に追い打ちをかけた。自分の部屋に戻ると、大切なステレオにヨダレだらけの小さな手でつかまり立ちをしている赤ん坊（！）がいたのである。一晩遊んで家に帰ったら、一人っ子のはずの私に18歳も年の離れた弟ができていたのだ。

私は全てを理解した。私はどうやら〝自分の生まれ育った世界と非常によく似ている別の世界〟に来てしまったらしい。

真夏の夜には不思議なことが起こるようだ。それが一生を左右するほどの大事件の場合、貴方ならどうするか。

夢を見たとか単なる妄想だったなどと思えば楽になるだろう。しかし物的証拠が存在してしまったら、これはもう信じる以外ない。なぜか私の手元には私が元いた世界の写真があるのだ。そこには母親の〝紫色の扉の店〟がはっきりと写っている。これがある限り、私と私が元いた世界の関係は断ち切られていない。

今この瞬間が非現実なのでは、という考え方もある。でも〝両方〟が本物の現実の世界だったとしたらどうだろう。「パラレルワールド」をご存じだろうか？ これは「多重世界」とか「並行世界」などとも呼ばれるが、簡単にいうと、この宇宙には同時進行する世界が多数存在し、それぞれは微妙に少しずつ違うというものだ。

こんな荒唐無稽な話が実際にあって、私の体験がそれに該当するならば、私は今いるこの世界の隣に並行して存在する別の世界から紛れ込んでしまった人ということになる。とすると、元々この世界にいた私はどこに行ったのか。消えてしまったのか、それとも順繰りに押されて隣に飛んだのか。隣に飛んだ場合は端っこの並行世界にいる私はこぼれてしまうのか。それとも一周して最初に戻るのだろうか。それは誰にもわからない。

「お前はどこか浮世離れしている」と言われることが多々ある。そして私自身、今でも日常に違和感があるのは確かだ。だからやはり私はこの世界では異質な人であり、異物であるに違いない。あれから四十数年経ってしまったが、19歳まで暮らしたあの楽しい世界に未練がないといえば嘘になる。


ピッピッポーン！　時報が鳴った。時計の針は午前2時を指している。

私はエンジンを吹かして調子をみた後、いつでも発進できるようにギアを1速に入れたままブレーキを踏んで前方の景色を注視した。

緩やかな左カーブの先に見えるL字コーナー。その隣に陽炎のようにゆらゆらと揺れながら在るはずのない〝幻の道〟が見えてきた。

「今度こそ還るぞ！」

私はアクセルを床まで踏んでクルマを急発進させたのだった。

あとがき改め〝何だか長いあとがき〟

著者の野村潤一郎です。いきなりですが、先ず最初に皆さんにお礼を申し上げたく存じます。

本離れが進むこの時代、手に取って重さと匂いを感じることができる書籍は今や絶滅危惧種に近い存在です。出版される本が減少したのは読む人が少ないからで、そう考えると読み手の皆さんもレッドデータブックに記載される可能性がある希少な方たちということになります。アニマルQを選び読んでいただいた方々がどこのどなたかを知る術はこちらには勿論ありませんが、私からしてみれば感謝感激雨あられの気持ちでいっぱいになるわけです。

また、本書の本文の最後にあるこのあとがきを読んでいただけたということは、読後感が〝まんざらでもなかった〟と解釈いたしますので、執筆した側としても冥利に尽きるということになります。本当にありがとうございました。これからもどうぞ宜しく御贔屓にお願い申し上げます。

さて、〝何だか長いあとがき〟とは何ぞや、野村は何をしたいのだ、と思われる方も多いと思いますので説明いたしますと、私がつまり所謂アヴァンギャルドっぽいことをやってみたかっただけで、特に意味はなかったりします。誰もやったことがないことをいつも最初にやらかすのが野村流。

また、ウソかホントか真実はわかりませんが、「野村の書く本は面白いのであっという間に読み切ってしまう」と言ってくださる方がとても多いようなので、私事を思い出してみたところ、はい確かに面白い本ほどそんな傾向がありました。

そして最後まで読み終えた後に、なんだか急にさみしくなったことがありました。ビスコの箱が空になった感じでしょうか。皆さんが同じように感じているかどうかはわかりませんが、もしそうだとしたら、この文章はそれを埋めるためのエピローグ的な何かになると思っています。

つまりこれは飛行機でいえば、楽しい空の旅を終えてスムースに着陸する瞬間に相当します。飛行機のパイロットの友人が「センセでも離陸はできるよ、しかし安心快適な着陸はプロの自分じゃないと無理だろうな」と申しておりました。プロといえば、数々の単行本を世に送り出して、一応執筆家の〝いとこのはとこのひょっとこ〟を自負している私ですので、それならば皆様を野村ワールドから気持ちよく読後させる工夫をするべきであるな、とも思ったわけです。如何でしょうか。はい自己満足でした、すみません。

●

ここで突然話は変わります。

単行本で思い出しましたが、先日、初めてお会いするある出版社の方たちに「本を書かせてやるからお金をよこせ」と言われました。びっくりです。私は「本を書いてくれ、お金をやるから」の間違いだと思いましたが、よく考えてみると、ふーんなるほど。様々な先生方が本を出していたりします。出版社のビジネスの一つとして自費出版というやり方があるわけですね。本の中身も誰かが代筆しているのかもしれません。その出版社さんは暇とお金がある先生方とこの私を同類だと思っていたわけですから、失礼極まりない話です。

自慢ですが、私は暇もなければ皆さんが思っているほどのお金もありません。けれども心は錦です。インキは嫌いですし、変な誤解が流れたこともありますので、この場を借りてきちんと宣言させてくださいませ。

私の本は必ず依頼されての出版です。そしてもちろん全て自筆です。

まあ、大して上手くもない文と変な内容ですからわかると思いますが……しかし極上の愛は感じていただけるはず。ということで、毎度おなじみの江戸下町ッ子の野村節、添加物一切無しの御安心物件でございました。

●

この辺で本書の解説なども。

動物にまつわる「Q」な話。本文にもありますように「Q」とは「不思議な」を意味しています。長年にわたり命に関係する仕事をしていると、しかも動物が相手の場合、これはもう〝枚挙にいとまがない〟ので今回は「Q」をテーマにしよう！　ということになりました。

ところが如何せん、老若男女が手に取ることを考えるとなかなか紹介しづらい話が多く、始めてみたものの選別と執筆には手古摺りました。恐ろしすぎるもの、血生臭すぎるもの、いやらしすぎるもの、そういった話は今の時代はNGですから、注意しなければなりません。

また単行本用に書き下ろした「人　イヌにあう」のような一種のおとぎ話は別として、エピソードは全てノンフィクション、つまり実話であるため、ありのままに書いてしまうとプライバシーの侵害に当たる可能性も出てきます。これにも悩みました。

全体をなるべく忠実に表現するようにしましたが、苦肉の策として、登場人物の名を替えたり、男性と女性を入れ替えたり、動物の種類を変更したり、またいくつかの不思議な経験を一つの話にまとめたりしていることがあります。その辺りは事実とは違ってしまうことになるわけですが、どうかご勘弁くださいませ。

●

春の夜に愛犬と

春の深夜、雲一つ無い濃紺の夜空には煌々と満月が光っている。街は静まり歩く人も走る車もない。時折吹く風が木々を揺らし、桜の花びらを散らしては地面に桃色の渦をつくった。

白い服の男は大きな黒い愛犬を連れて街灯の下に立っていた。誰もいない夜は彼らの世界だった。昼間とは違う澄んだ空気が心地よい。男は言った。

「リーラ、僕たちはこれからこの街で暮らすんだよ」

犬は男の横顔を見ながら小さく鳴いて応えた。１９８７年、彼らは紫草が香る武蔵野の広野、東京中野区に流れ着いたのだった。

かつての丘を利用してつくられた大きな公園の横には、小さな妙正寺川が流れていた。その両側には古い家屋が並んでいて、一つだけ明りが灯っている家があった。

窓から一人と一匹を訝し気に見ていた人影は、やがて何かに納得したように窓を閉め、明りを消した。辺りは闇に包まれ、昼間は喧騒で消されている川の水音が聞こえた。

月日が流れた。時は2025年、男は相変わらず白い服を着ていた。隣にいる大きな黒犬はもう5代目になっていた。

「ビクター、この道はね、お前の姉さんや兄さんたちが歩いた道なんだよ」

犬は男の横顔をキョトンとして見ていた。川に沿って並ぶ家屋は相変わらず古びたままである。

明りが灯っていた窓が開く音がした。それとほとんど同時に老婆の悲鳴が花冷えの夜空に響いた。

「ヒイッ！　お化け！」

そう言うと、勢いよく窓を閉めた。彼女は40年前にたまたま目撃した〝大きな黒い犬を連れた白い服の男〟が時を超えて現れたと勘違いしたのだった。

静寂の中、小さな川の水音のみが春の夜空にささやき続けた。

●

さて、文字数も尽きてきましたので、最後になりますが、本書の関係者の皆さんにお礼を申し上げなければなりません。

この三十数年、何かと雑誌掲載や単行本刊行の機会をいただいてきました世界に誇る伝統ある月刊誌、『家庭画報』様とその出版元の世界文化社様に大きな感謝を示します。そして今後のより一層のご隆盛を祈念いたします。いつもありがとうございます。

そして最後の最後の一番目立つ特等席で感謝の言葉を伝えたいのは、何といっても同じく三十数年の長きにわたって常に私の担当をしていただき、そして時に社会から非難囂々の嵐になりそうな私のヤバい文章を監視、指導、添削してくださる、まるで一つ上の冷静沈着な兄貴のような三宅暁様です。今回もお疲れさまでした、そして色々とありがとうございました。

今思い出すのは、90年代半ばに最初に出させていただいた『ソロモンと奇妙な患者《クランケ》たち』という著書を執筆していた頃の会話です。

いつも約束の原稿提出日に遅れて、変な言い訳ばかりをする私にとうとう腹を立てたのか、キラリと目を光らせ「もう……。一回ホテルで缶詰になってみますか……」と言われたことがありました。私は昔のコントに出てきそうな情景を勝手に想像しました。

お茶の水の〝山の上ホテル〟の古風な部屋で、文机に向かって執筆に四苦八苦するフリをしつつ脱走の機会を窺う私の真後ろに……吸い殻で満杯の灰皿を前に腕組みし、瞬きもせずに監視する三宅さんがいるノ図……

それはきついなと震え上がり「ああもう真面目に書かないと」と反省したのでした。

三宅さんは非常に物静かなインテリの風貌ですが、やはり書籍の専門家ですからプロとしての凄みがあります。昭和的で不適切にもほどがある私のヒドい文章を「これは……直したほうがいいんじゃないですか」と静かな口調で忠告してくれるのですが、そのたびに私は「えぇぇー、つまんなくなっちゃうよー」とか思ってしまうものの、結果的にはいつも良い方向になるのでした。三宅さんがいなかったら、私はエログロナンセンスな文ばかりを世に放ちまくり、今頃は全人類の女性を敵に回して、害獣のようにホウキで叩かれながら逃げ回ることになっていたかもしれません。

今回も、バカ犬みたいに走り回る私の首輪とリードを適切に取りまわしていただきまして、ありがとうございました。そしてこれからもご指導ご鞭撻のほど何卒宜しくお願い申し上げます。
さあ、そんなわけで読者の皆様、そろそろお別れです。きっとお会いしましょう、また、いつか、どこかで。

何故か毎年真冬に咲く
匂い春蘭の花と香りを愛でつつ
深夜の書斎にて。

2025年1月22日

本書は、月刊『家庭画報』２０２０年10月号～12月号、２０２１年２月号～12月号、２０２２年２月号～12月号、２０２３年２月号～９月号にて「スーパー獣医の動物エッセイ　アニマルＱ」として連載したものに、本書のための書き下ろし「るーるる・るる・るー」「ガーディアン・フロム・アニマルズ」「人　イヌにあう」を加えたものです。

JASRAC出　2500819-501

ISBN 978-4-418-25500-9

動物医の不思議な世界
アニマルＱ

発行日――２０２５年３月10日　初版第１刷発行
著者――野村潤一郎
発行者――千葉由希子
発行――株式会社世界文化社
〒１０２-８１８７
東京都千代田区九段北４-２-29
電話　０３-３２６２-５１１７［編集部］
０３-３２６２-５１１５［販売部］
印刷・製本――中央精版印刷株式会社
本文イラスト――野村潤一郎
編集――三宅暁［編輯舎］
編集部――飯田想美